Osprey New Vanguard
オスプレイ・ミリタリー・シリーズ

世界の軍艦イラストレイテッド
1

ドイツ海軍の戦艦 1939-1945

［著］
ゴードン・ウィリアムソン
［カラー・イラスト］
イアン・パルマー
［訳］
手島 尚

German Battleships 1939-45

Text by
Gordon Williamson
Colour Plates by
Ian Palmer

大日本絵画

目次 contents

3	前書き	INTRODUCTION
5	前ドレッドノート級戦艦	THE DREADNOUGHTS
7	シャルンホルスト級	THE SCHARNHORST CLASS
22	ビスマルク級	THE BISMARCK CLASS
45	射撃管制と測距儀	FIRE CONTROL/RANGEFINDING
46	レーダー	RADAR
25	カラー・イラスト	colour plates
47	カラー・イラスト 解説	

◎著者紹介

ゴードン・ウィリアムソン　Gordon Williamson
1951年生まれ。現在はスコットランド土地登記所に勤務している。彼は7年間にわたり憲兵隊予備部隊に所属し、ドイツ第三帝国の勲章と受勲者についての著作をいくつか刊行し、雑誌記事も発表している。彼はオスプレイ社の第二次世界大戦に関する刊行物のいくつかの著作を担当している。

イアン・パルマー　Ian Palmer
3Dデザインの学校を卒業し、多くの出版物のイラストを担当してきた経験の高いデジタル・アーティスト。その範囲はジェームズ・ボンドのアストン・マーチンのモデリングから月面着陸の場面の再現にまでわたっている。彼と夫人は猫3匹と共にロンドンで暮らし、制作活動を続けている。

ドイツ海軍の戦艦 1939-1945
German Battleships 1939-45

INTRODUCTION
前書き

　第一次世界大戦が終結した後、ドイツ海軍の大洋艦隊(ホッホゼー・フロッテ)の主力は英国のスカパ・フロー泊地に回航され、賠償処理の結論が出るのを待って抑留されていたが、1919年6月21日に全艦が一斉に自沈した。その後、ワイマール共和国の下の新しいドイツ海軍は保有兵力の量と質に厳しい制限を受けた。連合国は自沈した艦に代わる賠償として、スカパ泊地に回航されずに残っていた艦の大半を要求したので、ドイツ海軍の手に残った主力艦はひと握りにすぎなかった。そして、それらはいずれも比較的小型であり、二十世紀の初頭に建造されたもので、ドレッドノート級出現以前の旧式艦だった。連合国の目で見れば、戦後のドイツ海軍——初代の司令長官はフォン=トロータ提督、二代目はベーンケ

前ドレッドノート級戦艦2隻、シュレージエン(左側)とシュレスヴィヒ=ホルシュタイン(右側)。第一次大戦後の改装を受けた後の状態であり、煙突は以前の3本から2本に減っている。この写真の撮影時期は1935年より前であり、艦首旗竿に翻っているのはナチスの体制に移る前の時代のドイツ海軍(ライヒスマリーネ)の旗である。

提督――の任務はドイツ沿岸防衛のみであり、そのための兵力は主力艦8隻という制限内で十分だと考えられた。その8隻は艦齢が少なくとも15年から20年に達した時に、代替艦の新造が許されると取り決められていた。このため、ブラウンシュヴァイク、ロートリンゲン、プロイセン、ヘッセン、シュレスヴィヒ＝ホルシュタイン、シュレージエン、エルザス、ハノーヴァーは、それから数年にわたって就役し続けなければならなかった。そして、代替新造艦の排水量は上限10,000トンとされていた。

　そのような状況の下で、これらの艦は1920年代半ばに改装され、できる限りの近代化が施された。しかし、だんだんに除籍や用途変更が進み、国家社会主義党（ナショナルソツィアリスト）が政権を取ってヒットラーがドイツ海軍の強化拡大を考え始めた時期には、ヘッセン、シュレスヴィヒ＝ホルシュタイン、シュレージエンの3隻だけが残っていた。その後、ヘッセンは除籍され、新しい政治体制の下でのドイツ海軍が正式に発足した1935年5月に残っていたのは、シュレスヴィヒ＝ホルシュタインとシュレージエンの2隻だけだった。

　この本の中で、主題となった艦の艦種を示すためにいくつかの術語が使われているが、それについてある程度説明しておこう。これらの旧型の主力艦はドイツ海軍では「戦列艦」、文字通り「戦列に並ぶ艦」と類別された。この、公式の類別はあるのだが、これらの艦が通常「戦艦」と呼ばれているカテゴリーに含まれることは確かである。第一次大戦後にドイツ海軍が初めて建造した3隻の主力艦は「装甲艦」と類別された。これらの艦はきわめて強力な武装を持っていたので、「ポケット戦艦」という通称で広く知られるようになった。しかし、実際には、特に強力な火砲力を持つ重巡洋艦と類別する方が正確であると思われ、ドイツ海軍もその考えを受け容れたようで、1940年に「装甲艦」の類別を廃止し、この時に残っていた2隻を「重巡洋艦」に編入した。いまだにポケット戦艦として広く知られているこれらの3隻はこの本の対象には含めず、これだけをテーマとした別の1冊として、本シリーズで取り扱う。

　装甲艦の次に建造された姉妹艦、シャルンホルストとグナイゼナウは、ドイツ海軍によって「シュラハトシッフ」、つまり「戦艦」と類別された。この2隻は排水量が装甲艦の3倍に近く、比較的強力な武装、28cm砲3連装砲塔3基を装備していたが、15インチ砲（38.1cm）8門以上を装備した英国海軍の戦艦とは太刀打ちできず、実際にそのような戦闘を意図して建造された艦ではなかった。この2隻の姉妹艦は巡洋戦艦とほぼ同じ性格の艦だが、ドイツ海軍が正式に戦艦と類別しているので、この本の対象に加えた。最

シュレージエンとシュレスヴィヒ＝ホルシュタインは旧式艦ではあったが、依然として巨大であり印象的だった。そのため、どこに碇泊した時にも大勢の人々がこれらの艦を見ようと集まってきた。

後に登場するビスマルクとその姉妹艦、ティルピッツはドイツ海軍に就役した最強の艦であり、「戦艦」を主題としたすべての書物に取り上げられる資格は十分すぎるほどである。

　第一次大戦以降にドイツ海軍が建造した主力艦はいずれも、実際には通商破壊作戦水上艦として計画され、大戦中に敵側の商船航行に大打撃をあたえた。そして敵の艦艇に遭遇した時に十分に戦うだけの武装を備えてはいたが、敵海軍の有力な部隊と交戦する機会を積極的に求めて行動する意図は持っていなかった。ドイツ海軍の主力艦は数が少なく、貴重な戦力であったので、慎重に作戦に投入することが必要とされた。連合軍側はこれらの主力艦が大西洋に進出するのを防ぐために、大きな兵力を割いて哨戒線を維持し、彼らが実際に洋上作戦に入った時には、追跡、捕捉のためにもっと大量の兵力を動員せねばならなかった（その主な例は1941年5月下旬のビスマルク追跡である）。このように敵の多数の艦艇をかなりの期間にわたって縛りつけたことが、これらの主力艦が戦局に及ぼした最大の、そして唯一の実際的な効果だったと思われる。

THE DREADNOUGHTS*

前ドレッドノート級戦艦

*訳注：原書では本章で取り上げる戦艦を「ドレッドノート級」と分類しているが、ここでは通常の分類通りに「前ドレッドノート級」とした。

　ドレッドノート級以前の型の2隻の戦艦、シュレージエンとシュレスヴィヒ＝ホルシュタインは同型艦だったが、前者はダンツィヒ（現・グダニスク）のシーハウ造船所、後者はキールのゲルマニアヴェルフトで建造された。両艦とも建造当時は3本煙突だったが、1920年代後半の改装の際に第1・第2煙突が1本にまとめられ、2本煙突に変わった。改装によって艦橋周辺の形も大きく変化した。前甲板と後甲板に各1基装備されていた28cm主砲連装砲塔に変化はなかった。14門の副砲は建造時の17cm砲から戦後の早い時期に15cm砲に換装され、舷側の左右各5基と上甲板の左右各2基の砲郭に各1門装備されていた。副砲は後に両舷各3基の砲郭、合計6門に削減されたが、単装砲郭という旧い装備様式は変わらなかった。両艦は第二次大戦勃発より前に現役を退いて練習艦となった。

■シュレージエンとシュレスヴィヒ＝ホルシュタインの要目

排水量　　13,040トン
全長　　　125.9m
全幅　　　7.6m
推進機関　石炭／重油燃焼機関　出力17,000馬力×3基
速度　　　16ノット（29.6km/h）
武装　　　28cm砲4門（連装砲塔2基）
　　　　　15cm砲6門（単装砲郭6基）
　　　　　40mm高角機関砲10門
　　　　　20mm高角機関砲22門
乗組員　　725名

戦列艦シュレスヴィヒ＝ホルシュタインの戦歴
Linienschiff Schleswig-Holstein

　1939年9月1日、シュレスヴィヒ＝ホルシュタインは第二次世界大戦の口火を切る砲弾を発射して、その艦名を歴史に長く残した。艦長、グスタフ・クラインカンプ大佐の指揮

上段●真横から見たシャルンホルストのすばらしいスタイル。竣工した時の姿である。この時期のこの艦は姉妹艦グナイゼナウとほとんど相違がない。

下段●改装後のシュレスヴィヒ＝ホルシュタイン。1935年以降のドイツ海軍（クリークスマリーネと改称）の軍艦旗が艦尾に掲げられ、艦尾近くの舷側にはブロンズ製の鉤十字章と鷲の飾りが取りつけられている。副砲は片舷3門に減らされ、艦首寄りと艦尾寄りの砲郭からは砲が取り外されている。

　の下に同艦は、1914年8月にフィンランド湾で沈没した軽巡洋艦マグデブルクの記念祭に参加するための公式訪問という形を取って、ダンツィヒに送られた。乗組員は同艦の軍楽隊と共に分列行進を行い、いくつもの式典に参列した。一方、シュレスヴィヒ＝ホルシュタインは曳航されて移動し、ヴェスタープラッテのポーランド軍要塞の正面、十分に検討された絶好の砲撃位置に停止し、海兵隊の攻撃部隊を密かに上陸させた。

　9月1日、0447時、シュレスヴィヒ＝ホルシュタインはちょうど500mの至近距離からヴェスタープラッテ要塞に向かって砲撃を開始した。砲撃が続く中で要塞の守備隊はねばり強くドイツ軍の攻撃に対して7日間戦い続け、要塞が瓦礫の野原になった後、9月8日の1030時に降伏した。信じ難いことだが、守備隊員200名のうちの死者は15名にすぎなかった。ドイツ兵たちは守備隊の見事な戦いぶりに強い印象を受け、降伏した彼らが隊列を組んで要塞から出てきた時、整列して気をつけの姿勢を取って迎えた。

　シュレスヴィヒ＝ホルシュタインは1940年4月のデンマーク占領作戦に参加した後、再び練習艦任務にもどり、練習艦隊司令官の旗艦となった。この状態が続いた後、1944年の半ばに対空砲武装を大幅に強化する改装を受け、ダンツィヒの東側のゴーテンハーフェン（現・グディニア）港の防空戦力増強の任務についた。1944年12月に爆撃によって大破し、水平姿勢を保ったまま港内の水深12mの地点に着底した。行動不能に陥りながらも火砲による戦闘を継続したが、その後の爆撃で火災が発生し、全面的に放棄された。乗組員の大半は地上戦闘の援助に転用され、マリーエンブルク防衛戦の前線に送られた。

改装後のシュレージエン。この時期の姉妹艦2隻はほとんど同一である。

戦列艦シュレージエンの戦歴
Linienschiff Schlesien

　シュレージエンの第二次大戦中の戦歴は姉妹艦、シュレスヴィヒ＝ホルシュタインよりも一段と地味なものだった。1940年の初めまで士官候補生の練習艦として使用されていたが、その後の短い期間、Uボート支援のための砕氷艦の任務についた。デンマーク占領作戦には現役艦として参加したが、1940年7月には実戦部隊から退き、宿泊艦として使用されることになった。

　1941年3月には現役に復帰し、短い期間、砕氷艦として活動した後、対ソ開戦の後にはバルト海で、ソ連の艦艇の外洋進出を抑えるための機雷敷設作業の掩護の任務についた。この作戦行動の後、シュレージエンは再び宿泊艦にもどり、ゴーテンハーフェンに配置された。1941年から1944年末近くまで、同艦は練習艦隊司令官の指揮下に置かれていた。

　1944年の末、シュレージエンは姉妹艦と同様に対空武装強化の改装を受け、1945年初めからゴーテンハーフェンの対空防御増強の任務についた。

　1945年4月、シュレージエンは補給弾薬輸送のために、ゴーテンハーフェンから西方へ300km離れた補給搭載地、シュヴィーネミュンデに派遣され、戦線から後送される傷病兵1,000名を乗せて出港した。5月3日、シュヴィーネミュンデの北西、ウーゼドム半島の沖で触雷し、水深の浅い地点で着底した。シュレスヴィヒ＝ホルシュタインと同様、艦砲射撃の機能は維持され、数日間、有効に地上部隊支援に当たった。

THE SCHARNHORST CLASS
シャルンホルスト級

　第一次大戦後のドイツ海軍は、ヴェルサイユ条約によって主力艦の排水量を10,000トン以下に制限されていた。戦後、最初に建造された主力艦、通称「ポケット戦艦」の1号艦、ドイッチュラントは、この条約を遵守したきわめて稀な例である。それに続く「装甲艦」の2号艦と3号艦、アトミラール・シェーアとアトミラール・グラーフ＝シュペーは、装甲を強化したために、排水量が制限を越えていた。

　装甲艦の出現に強く刺激されたフランスは、ドイツの新造艦をはるかに超える戦闘力を持つ戦艦2隻の建造を開始した。それに対応してドイツ海軍は、ドイッチュラント級の4

号艦建造の計画を中止し、排水量を2倍の20,000トンに増大した主力艦2隻建造を決意した。しかし、結局、この2隻は1934年に建造途中で解体された。これに代わる主力艦2隻は排水量26,000トン、主砲はドイッチュラント級の28cm砲6門から9門に増し、ほぼ同じ型の三連装砲塔3基に装備するように計画され、1935年に起工された。既存の装甲艦3隻のコードが「A」、「B」、「C」であるのに続いて、新艦2隻のコードは「D」と「E」とされた。しかし、新造艦の重要な変更点のひとつは推進機関であり、装甲艦のディーゼル・エンジンから蒸気タービンに切り換えられた。これら2隻はある程度、ヴェルサイユ条約の制限を考えに入れて設計されたが、建造が開始された時にはヒットラーはドイツ再軍備を公然と表明しており、条約による排水量制限を考慮する必要性はなくなった。その後、ドイツと英国の間で協議が行われ、その結果、英独海軍協定が結ばれ、それによって過去に遡ってドイツ海軍の大型艦建造について合意が成立した。

戦艦シャルンホルストの戦歴
Schlachtschiff Scharnhorst

「26,000トン」の新主力艦の1号艦は1935年5月6日にキールのドイッチェ・ヴェルク造船所で起工され、2号艦は1936年6月15日にヴィルヘルムスハーフェンの海軍工廠で起工された。しかし、1号艦の建造作業が遅れたため、2号艦の船体が先に完成した。この艦は1936年10月3日に進水し、シャルンホルストと命名された。進水式にはアードルフ・ヒットラーが陸軍大臣フォン=ブロンベルク元帥と共に参列し、シュルツ海軍大佐の未亡人も列席した。大佐は前大戦初期に華々しい戦果をあげた装甲巡洋艦シャルンホルストの艦長であり、1914年12月8日のフォークランド諸島沖海戦でこの艦が沈没した時に戦死した。この2代にわたる誇らしい艦名はゲーアハルト・ヨハン・フォン=シャルンホルスト将軍（1755～1813年）に由来する。彼は歴史上有数の社会改革者であり、同時に先見性のある軍人だった（野戦で兵団を指揮したことはなかったが）。彼が推進したプロシア陸軍の兵制改革の結果、皇帝フリードリヒ・ヴィルヘルムはナポレオン・ボナパルトと十分に対抗する戦力を持つことができた。

シャルンホルストの艤装工事には2年を越える日数がかかり、最終的に就役したのは

艦首から見たシャルンホルスト。艦首に反りがない初期のスタイルである。FuMOシステムの「マットレス」アンテナは、まだ艦橋楼頂部の測距儀の上に装備されていない。この写真では錨が錨鎖孔に留められているが、改造後は甲板の縁に新たに設けられた錨留め切り欠きに留められるようになった。

改装後のシャルンホルスト。艦首は「アトランティック」型に変わり、煙突には斜め後方に切れ下がったキャップが取りつけられている。「ツェーザル」砲塔上部のカタパルトはこの時期より後に取り外された。この艦は姉妹艦グナイゼナウとほとんど同じだが、改装の際にメインマストがこの写真に写っているように中部カタパルトの後方に移され、メインマストが竣工当時のまま煙突後方の位置から変わらなかったグナイゼナウとの間で、はっきりした識別点となった。

1939年1月だった。時間をかけた海上運用テストの間に凌波性が不十分であることが明らかになった。波が高くなり始めると、前甲板は大量の海水を被るのである。このため、艦の前部の艦内区画にある程度の浸水があって、前部砲塔の電気系統に問題が発生した。このため、就役後の最終の造船所工事のために乾ドックに入れられた機会を利用して、1939年6月にシャルンホルストに改装が実施された。艦首の舷側を高くし、フレアーをつけ、「クリッパー型」または「アトランティック型」バウと呼ばれる形に変えたのが、改装の最も重要な点だった。この改装によって艦のスタイルは一段と優美になったが、残念なことに、この艦が荒天の下で膨大な量の海水を浴びる問題を抑える効果はあまり現れなかった。この改装の際に艦首の錨が、竣工時の左舷2基と右舷1基の組み合わせから、両舷側各1基に変更された。同時に、両舷の錨鎖孔(アンカーホーズ)は廃止され、その代わりに両舷の上縁に錨留め切り欠き(アンカークルーズ)が設けられた。煙突には斜め後方に切れ下がったキャップが取りつけられ、メインマストは煙突のすぐ後方の位置から中部カタパルトの後方に移され、水上機格納庫が拡大された。

これらの改装作業が行われたため、シャルンホルストが姉妹艦グナイゼナウを伴って洋上に出撃する準備を整えたのは、1939年11月に入ってからである。戦艦2隻は護衛の軽巡洋艦ケルン、駆逐艦9隻と共にアイスランドとフェロー諸島（デンマーク領、アイスランドの南東450km）の間の海域のパトロールに出撃した。この時期、アトミラール・グラーフ＝シュペーが南大西洋で通商破壊戦に活躍しており、英国海軍は多数の艦を投入してこれを捕捉しようと努めていた。シャルンホルスト以下の戦隊の出撃の目的は英国海軍の目を北にひきつけ、シュペーに向けられた圧力を軽減することだった。

11月23日、この戦隊は仮装巡洋艦ラワルピンディに遭遇し、短時間の一方的な砲撃戦によってこの勇敢な武装商船を撃沈した。当然、英国海軍は本国艦隊の全部に近い兵力をこの海域に送ったが、シャルンホルスト戦隊は敵の追跡を巧みにかわし、無事に自国沿岸水域に帰還した。

シャルンホルストの次の重要な出撃は、1940年4月の「ヴェザーユーブング」作戦——デンマーク、ノルウェー占領作戦——への参加だった。4月7日、シャルンホルストはグナイゼナウと重巡洋艦アトミラール・ヒッパーを率い、好天の下で北に向かった。1430時頃、この戦隊は英国空軍（RAF）の哨戒任務の爆撃機から攻撃を受けた。シャルンホルストにとっては幸いなことに、爆撃機編隊はアトミラール・ヒッパーに攻撃を集中し、ヒッパーも同様に幸運に恵まれ、英軍の爆撃手たちの技量がひどいものだったために、まったく損害はなかった。日暮れになって天候は一転して悪化した。激風が吹き荒れ、シャル

作戦行動中のシャルンホルスト。ラワルピンディを撃沈した戦闘で、前部主砲塔2基から斉射している場面。

ンホルストは上部構造の破損と艦内の一部浸水の被害を受け、後者によって燃料系統への海水混入も発生した。4月8日、0915時、ヒッパーが戦隊を離れた。北極圏内のナルヴィク港に上陸作戦を実施するために、山岳兵部隊を乗せた駆逐艦10隻が高速で航行しており、そのうちの1隻が敵艦と交戦中と報告してきたので、その援護に当たるための行動である。その翌朝、早い時刻に、シャルンホルスト戦隊は英国の巡洋戦艦レナウンと遭遇した。英国海軍は中立国ノルウェーの沿岸水域で機雷敷設作業を進めており、この艦はその援護のためにこの海域に出撃していた。レナウンがグナイゼナウを狙って先に砲撃を開始した。ドイツ側ではシャルンホルストが最初に応射した。波が非常に荒かったため、3艦共照準は乱れたが、最初に敵に命中弾を浴びせたのは艦齢25年のレナウンだった。15インチ(38.1 cm)砲弾1発の命中により、グナイゼナウは前檣楼の測距儀／砲撃指揮装置に損害を受けた。レナウンはグナイゼナウに2発目と3発目を命中させた後、目標をシャルンホルストに転じた。しかし、ドイツの2艦は優速を活かして、砲撃力で勝る敵艦との間の距離を拡げて行くことができた。ドイツの姉妹艦はいずれも前部1番砲塔(「アントーン」＝Ａ砲塔)下部に浸水被害があったため、後甲板の砲塔(「ツェーザル」＝Ｃ砲塔)1基のみで戦いながら離脱行動を進めた。

　4月9日の正午頃、ドイツの戦艦戦隊はノルウェーの北西部沖のロフォーテン諸島の西に到達し、そこで西に転針して24時間近く航行し、その間に必要最低限度の修理を行った。その後、南へ針路を変えて根拠地への帰途につき、4月12日には再びヒッパーが隊列に復帰した。RAFの哨戒機がこの戦隊を発見し、強力な爆撃機編隊が出撃して追跡を試みたが、視界不良の天候がドイツ側に味方して、3隻は無事に本国水域に帰還することができた。

　帰還したシャルンホルストはかなりの修理が必要な状態であり、キールのドイッチェ・ヴェルク造船所でただちに作業が始められた。この修理の間に「ツェーザル」砲塔の上に装備されていた後部カタパルトが撤去された。

　シャルンホルストは修理と小規模な改装が終わると間もなく、再び行動を開始した。同様に修理を終えたばかりのグナイゼナウ、アトミラール・ヒッパーの両艦と駆逐艦4隻と共に、6月4日に母港から出撃した。ノルウェーの多くの地区に展開したドイツ軍地上部隊は連合軍の強圧を受けており、ナルヴィクで包囲されている山岳兵部隊は殊に苦境に立たされていた。味方部隊をこの強圧から救うのがシャルンホルスト以下3隻の作戦の目的だった。実際には、連合軍はすでにノルウェーからの撤退を始めており、6月8日、シャルンホルスト戦隊は英軍の小規模な護送船団——空荷状態の兵員輸送船と油槽船各1隻と、コルヴェット艦1隻で構成されていた——に遭遇し、全部を撃沈した。この時点でヒッ

艦首から見たシャルンホルストの「アントーン」、「ブルーノ」両砲塔。主砲の巨大なサイズに強い印象を受ける。「アントーン」の3門の砲だけにカンバス製のブラストカバーが取りつけられている。この写真の上端には、艦橋のすぐ上の塔構造の正面に装備された巨大なサーチライトが写っている。

パーと駆逐艦は燃料残量低下のため戦隊を離れ、戦艦2隻は作戦行動を続けた。その日の午後、この2隻は英国海軍の航空母艦グローリアスと、護衛の駆逐艦アカスタ、アーデントの2隻に遭遇した。ドイツの戦艦はただちに砲撃を開始し駆逐艦2隻は必死になって攻撃妨害の行動を取ったが、空母はすぐに被弾して火災が発生し、艦載機を発進させることはできなかった。敵艦発見から96分後の1822時、戦艦の10.5cm副砲弾によって大破したアーデントは、転覆して沈没した。シャルンホルストは不運にも、アカスタが発射した魚雷1本が「ツェーザル」砲塔の位置の舷側に命中し、大きな浸水被害が発生した。その46分後、グローリアスは沈没し、1917時にアカスタが沈没して、この戦力格差の大きい一方的な戦闘は終わりになった。

ドイツ戦艦2隻は6月9日、トロンヘイムに入港し、ただちにシャルンホルストの応急修理が開始された。この修理の途中、シャルンホルストは空襲を受け、爆弾1発が命中したが、不発弾だったために重大な被害には至らなかった。このノルウェーの港に11日間碇泊していた後、シャルンホルストは出港して本国に向かい、途中で英国海軍の雷撃機による攻撃を受けた。魚雷の命中はなく、敵機1機を撃墜し、6月23日に無事にキール軍港に帰投した。それから数ヵ月にわたって艦の修理と改装が実施され、乗組員の広範囲な訓練と艦の洋上運用テストが行われた。

1941年1月22日、シャルンホルストは姉妹艦グナイゼナウと共に、再び作戦に出撃し、デンマーク海峡を通り、哨戒線を突破して2月の初めにうまく大西洋に進出した。この時期にはどの船も経験する大西洋の典型的な荒い波の海上で、両艦とも常に甲板にかぶさってくる大量の海水によって損傷が続いた。両艦とも以前の改装の際に艦首の形状が「アトランティック」型に変えられていたが、耐波性向上の効果はほとんど現れなかった。この2隻の戦艦は有力な敵の部隊との交戦の機会を求めてはならないと厳しく命じられており、それに従って、主力艦が護衛についていることが判っている場合には、その船団には近づかないように行動した。それにもかかわらず、シャルンホルストは敵の船舶8隻、合計49,000トンを撃沈した。そして1941年3月22日、グナイゼナウと共にフランスのブルターニュ半島の先端に近いブレスト軍港に到着した。

この新しい根拠地は敵機が問題なく行動できる距離範囲内にあるため、シャルンホルストは数回、爆撃の目標とされたが、幸いなことに被害は受けなかった。しかし、幸運は長くは続かなかった。ビスケー湾に面したラ・パリス（ブレストの南東350km、ビスケー湾に面した小港）に移動して間もなく、シャルンホルストはRAFの四発爆撃機編隊の攻撃を受け、爆弾5発が命中した［訳注：7月23日にスターリング6機、24日に同15機がラ・パリスを爆撃。シャルンホルストは24日の攻撃で命中弾を受けた］。一部に浸水が発生し

たが、被害はそれほど激しくはなく、シャルンホルストは修理を受けるためにブレストまで航行することができた。ブレストでは乾ドックに入って修理が始められ、この入渠の機会を利用して対空武装強化の改装が実施された。

5月31日にはヒッパーと同型の重巡プリンツ・オイゲンがブレストに入港し、ここに在泊する大型艦は3隻になった。この3隻はRAFの爆撃を受ける可能性に常に曝されており、ドイツ海軍は3隻を本国内の安全度の高い港湾に移動させる必要性に迫られた。この移動には2つのルートのいずれかを選択せばならなかった。英国本土の西側の海域を北上した後、大きく転針して北海を南下するか、高速で英国海峡の大陸側沿岸を北上し、ドーヴァー海峡を通過して北海に出るかのいずれかである。後者は英国本土東岸にきわめて接近する危険があるが、ドイツ空軍の強力な援護を受けることができる。前者ではドイツ空軍の援護のレベルは低下し、3隻のドイツ艦は英国海軍本国艦隊の強力な迎撃を受けるリスクを冒さなければならなかった。結局、選ばれたのは後者だった。

1942年2月11/12日の深夜、シャルンホルスト、グナイゼナウ、プリンツ・オイゲンはブレストを出港し、護衛の駆逐艦6隻、多数の水雷艇、掃海艇、Eボートの部隊と合流し、北東に向かった。始めのうち、英軍の妨害は皆無だった。英軍が反応を見せたのは正午に近く、戦隊がカレーの沖合を通過した後である。英国海軍は駆逐艦、魚雷艇、雷撃機により決意の固い攻撃をかけてきたが、反撃の時機が遅すぎた。ブレスト港沖合には潜水艦1隻がドイツ艦艇の動向監視の任務に配備されていたが、この艦がバッテリー充電のために定位置を離れていて、シャルンホルスト以下の大型艦の出港を見逃したのである。英軍がドイツ側の行動に気づいた時には、戦隊は強力なドイツ空軍戦闘機隊が計画通りに支援に当たるはずの水域に到達していた。しかし、ドイツ語で「ツェルベルス」（ギリシャ神話に現れる地獄の番犬）作戦と呼ばれ、「チャンネル・ダッシュ」（海峡突破）という英語呼称でもっと広く知られているこの作戦は、すべてがドイツ側にとって問題なしに進んだのではなかった。グナイゼナウとシャルンホルストはいずれも触雷した。後者は二度触雷し、2130時頃の二度目の触雷の際には推進力を失い、45分間にわたって停止した後に航走を再開した。

最終的にシャルンホルストは2月13日の1030時にヴィルヘルムスハーフェンに入港することができ、ただちに乾ドックに入れられて損傷状態の調査が始められた。船体の損傷の外にいくつかの砲塔の基部は支持構造からはずれており、主機関の基台も損傷を受けていた。調査終了の後、シャルンホルストはキールに移動して修理を受け、それから1942年いっぱい、乗組員の訓練と洋上運用テストが続けられた＊。

シャルンホルストには平穏な時機が続いた。1943年1月にはパトロール任務につくために二度、出撃の命令が下されたが、敵の爆撃機編隊が接近してくるとの警報が入ったため、出港

＊訳注：グナイゼナウとプリンツ・オイゲンはシャルンホルストよりも早く、13日の0700時にキール運河の東の出口、ブルンスビッテルに到着した。

これも艦首から見たシャルンホルストの前部主砲塔と艦橋楼。氷が厚く張りついている。シャルンホルストは波の荒い日に前甲板に大量の海水を被る傾向があり、結氷の状態は一段とひどくなった。

シャルンホルストの艦長、ホフマン大佐が後甲板で乗組員に訓辞をあたえている。ここに写っているのは士官と下士官。

は中止された。その時期、ドイツ海軍の戦艦は存在価値に疑問が持たれ始めた。12月31日、ノルウェーから出撃した重巡アトミラール・ヒッパーとリュッツォウが駆逐艦6隻と共に、スコットランドに向かう英国の護送船団を攻撃したが、比較的強力でない敵の護衛艦艇に撃退されてしまった。これを知ったヒットラーは激怒し、すべての大型艦を廃棄し、装備されている火砲は沿岸防御砲台に移すようにと命じた。この命令に抗議して海軍最高司令官、レーダー元帥は辞任した。しかし、幸いなことに、彼の後任となった潜水艦艦隊司令長官、デーニッツ元帥がヒットラーを説得し、この命令を撤回させた。1943年3月になって、ようやくシャルンホルストはゴーテンハーフェンからナルヴィクに近いボーゲンへ無事移動した。この港には戦艦ティルピッツと重巡洋艦リュッツォウが在泊していた。

　4月、シャルンホルストで大きな事故が発生した。引火性のある資材が収納されている倉庫で爆発が発生したのである。かなりの数の乗組員が死傷し、艦前部の兵員居住区で大きな火災被害があった。

　1943年9月6日、シャルンホルストはティルピッツの後に続いて、駆逐艦9隻と共に根拠地から出撃した。これはスピッツベルゲンの連合軍施設を砲撃することを目的とした作戦であり、シャルンホルストにとっては成功を収めて終わった最後の作戦となった。3日後に全艦が根拠地に帰還した。

　この時期までにシャルンホルストは、乗組員の間で人気が高い艦になっていた。大戦が始まって以来の4年間、敵との交戦が何度もあったが、常に戦闘の損害を受けることなく切り抜けてきたため、「幸運な」艦だと思われていたのである。しかし、その幸運も尽きる日が近づいていた。

　1943年12月22日、ドイツの哨戒機がムル

シャルンホルストの艦橋から見下ろした前甲板。この艦がどれほど大量に海水を被るかがよくわかる。前甲板にはつねに波が溢れているので、前部砲塔の電気系統には問題が絶えなかった。

この写真はシャルンホルストの15cm副砲の砲塔、連装と単装各1基の姿をはっきり捉えている。その背後で高い仰角を取っている2組の連装砲は10.5cm高角砲である。高角砲の後方には艦載内火艇が見える。画面左側の2門の砲身は3.7cm高角機関砲。

マンスクに向かって航行している敵の輸送船団を発見した。ティルピッツは9月下旬に英軍のミジェット潜水艇＊の攻撃による損傷を受け、行動不能に陥っていたために、この船団に対する攻撃に出撃できる主力艦はシャルンホルストのみだった。同艦は12月25日、駆逐艦5隻と共にアルタフィヨルドから出港した。

ドイツ側は察知していなかったが、この海域には英国海軍の2つの船団護衛任務の部隊が行動しており、大型艦は戦艦デューク・オブ・ヨーク（本国艦隊旗艦）、重巡洋艦ノーフォーク、軽巡洋艦ベルファスト、ジャマイカ、シェフィールドの5隻、駆逐艦やコルヴェットは合計30隻に近い強大な兵力だった。

この海域の風波はきわめて激しく、ドイツの駆逐艦は苦しい状態に陥ったため、根拠地に引き揚げるように命じられ、シャルンホルストは護衛なしで行動することになった。

ひどい天候の下で、最初に敵艦を発見したのは優れた性能のレーダーを装備した英艦の側だった。シャルンホルストは26日の朝、ノーフォーク、ベルファスト、シェフィールドのグループと砲戦を交え、短時間のうちに数発の命中弾を受けた。いずれも特に大きな被害には至らなかったが、艦橋楼トップに命中した1発によってレーダーが破壊された。そこでシャルンホルストは南に針路を転じ、ノルウェーに向かった。

同日、1615時すぎにシャルンホルストはデューク・オブ・ヨークのレーダーに捕捉された。1648時、この英国の戦艦は砲撃を開始し、1発がシャルンホルストの「アントーン」砲塔に命中した。そのすぐ後に英国の巡洋艦3隻も砲戦に加わり、シャルンホルストに命中弾をあたえ始めた。レーダーの機能を失っていたシャルンホルストは敵艦の接近

＊訳注：正式呼称はX-Craft。排水量35トン、全長15.5m、速度6.5ノット(12km/h)。2ノット（3.7km/h）で連続80時間の航行が可能。乗組員：運行要員3名、作戦要員4名。アマテクス火薬2トン入りのコンテナー2基を外装搭載。

シャルンホルストの右舷上甲板の状態が、艦首方向に向けたカメラで撮影されている。画面右側に見える後部副砲連装砲塔の半分ほどを始め、種々細かい部分が写っておもしろい。

にまったく気づいておらず、突然砲撃を浴びせられてひどいショックを受けた。

　シャルンホルストはやむを得ず針路を変え、敵艦をしのぐ高速を最大限に発揮して、英国の巡洋艦の精度の高い砲撃の圏外に脱出した。しかし、デューク・オブ・ヨークの15インチ砲弾の命中は点々と続いた。次に「ブルーノ」砲塔（B砲塔）も射撃停止した。火薬燃焼ガス排出システムが損傷し、砲塔内は兵員が呼吸できない状態に陥ったためである。

　シャルンホルストの最期は刻々と迫ってきた。ボイラー室が被弾して、致命的な速度低下に陥った。英国の駆逐艦はすぐにシャルンホルストに追いつき、魚雷攻撃を始め、4本を命中させた。この傷ついた戦艦では、射撃を続けている主砲塔は後甲板の「ツェーザル」のみになっていた。そして速度は三分の一に低下しながらも、懸命に応射し続けた。しかし、1916時、「ツェーザル」砲塔も発射不能に陥り、シャルンホルストには副砲だけが残された。そして、その14分後、デューク・オブ・ヨークは砲撃を停止し、この致命傷を負ったドイツ艦に接近して魚雷で仕留めるようにと巡洋艦と駆逐艦に命じた。1945時、シャルンホルストの弾薬庫が爆発を起こし、この戦艦はついに沈没した。乗組員1,968名のうち、救助されたのは36名にすぎなかった。

■シャルンホルストの要目

排水量	37,820トン（満載状態）
全長	235.4m
全幅	30m
推進機関	ブラウン＝ボヴェリ式タービン×3基、合計出力160,060馬力。この機関の設計は技術的に進歩したものだったが、開発の時間が不十分な状態のままで艦に装備されたため、故障が多発した。
最大速度	32ノット（59.3km/h）
航続力	7,100浬（13,150km）、最適経済速度19ノット（35.2km/h）による。
燃料搭載量	6,108メートルトン
武装	主砲：28cm砲9門（三連装砲塔3基）、300kg以上の砲弾を発射し、最大射程42.5km、1門当たり発射率毎分3.5発。 連装副砲：15cm砲8門（連装砲塔4基）、45.3kgの砲弾を発射し、最大射程23km、1門当たり発射率毎分8発。 単装副砲：15cm砲4門（単装砲塔4基）、要目は連装副砲と同じだが、最大仰角がやや少ないため最大射程は22km。 高角砲：10.5cm砲14門（連装砲塔7基）、15kgの砲弾を発射し、最大射程17.7km、1門当たり発射率毎分18発。 大口径高角機関砲：3.7cm砲16門（連装砲架8基）、0.75kgの砲弾を発射し、最大射程8.5km、1門当たり発射毎分40発。 中口径高角機関砲：2cm砲22門（単装と四連装砲架）、最大射程4.9km、発射率は単装砲架が毎分120発、四連装砲架が毎分220発、最大射程4.9km。 煙突の周囲のプラットフォームとカタパルト支持フレームの小さいプラットフォームに2cm機関砲4連装砲架が装備されていた。「ツェルベルス」作戦の際には、「ブルーノ」砲塔の上部に臨時に2cm機関砲四連装砲架が装備された。 魚雷発射管：53.3cm発射管三連装2基（実戦に使用されることはなかった） 艦載機：アラドAr196複座水上偵察機3機 乗組員：1,968名

氷が張りつめたバルト海の港に停泊するシャルンホルスト。この地域の港では冬の期間中、乗組員たちは陸地から艦までの間をほぼ全部、歩いて行くことができた。旧式戦艦シュレスヴィヒ＝ホルシュタインとシュレージエンは、他の艦が外洋に出る水路を開くために、こうした港で砕氷船として活動することが多かった。

艦長
1939年1月～1939年9月　オットー・ツィリアクス大佐
1939年9月～1942年4月　クルト・ホフマン大佐
1942年4月～1943年10月　フリートリヒ・ヒュフマイアー大佐
1943年10月～1943年12月　フリッツ・ヒンツェ大佐

注記：2000年9月10日、ノルウェー海軍の調査艦船が、ノール岬沖の水深290mの海底に沈んでいるシャルンホルストを発見した。

戦艦グナイゼナウの戦歴
Schlachtschiff Gneisenau

　グナイゼナウは同型艦2隻のうちで最初に起工されたが、進水は姉妹艦より遅くなった。1636年12月8日の進水式では先代のグナイゼナウ——1914年12月のフォークランド諸島沖海戦でシャルンホルストと共に沈没した装甲巡洋艦——の艦長の未亡人によって命名された。この艦名の源は、シャルンホルストやプロイセン陸軍参謀総長ブリュッヘル元帥と同時代の人物、アウグスト・ヴィルヘルム・アントーン・グラーフ＝ニードハルト＝フォン＝グナイゼナウ（1760～1831年）である。シャルンホルストと同様に、グナイゼナウは偉大な実績を残した社会改革主義者であり、プロシア陸軍の中で体罰と褒賞昇進の廃止を実現して、71歳の時にコレラに罹って死去した。18世紀末から19世紀初頭にかけての同じ時代に活動し、プロシア陸軍の改革と近代化に力を尽くした2人の人物の名は、ドイツの最新艦の艦名として並ぶのに大変ふさわしいものだった。グナイゼナウは初代艦長フェルステ大佐の下で1938年5月に就役した。

　軽巡洋艦カールスルーエから移動させた者を中心にして新編された乗組員が配備され、この新造戦艦は洋上試運転のために出港した。グナイゼナウの母港はキールとされた。洋上公試が始まるとすぐに、グナイゼナウはシャルンホルストと同様な短所が明らか

シャルンホルストの後甲板で作業衣姿の乗組員がカメラに向かってポーズをとっている。あまりはっきり写っていないが、「ツェーザル」砲塔の上のカタパルトと、砲塔上部の識別のための赤い塗装が見える。この5名の背後に木が立っていることから考えて、これはクリスマスの前後の写真と思われる。

になった。波が通常の程度であっても、前甲板は大量の海水をかぶるのである。その結果、1939年1月にシャルンホルストと同様な改装を受け、艦首の形状がいわゆる「アトランティック型」に変えられた。しかし、姉妹艦と同様に、問題が十分に解決されることはなかった。煙突も改造され、後方へ斜めに切れ下がるキャップが頂部に加えられた。しかし、主檣（メインマスト）はシャルンホルストとは異なって、建造当時のまま、煙突のすぐ後方の位置から変わらず、これはほとんど同じ外観の姉妹艦2隻を見分ける相違点となった。

　1939年9月、大戦勃発のちょうど1週間後、グナイゼナウはバルト海に出て、しばらくの間、さまざまな演習を重ねた。

　10月にはシャルンホルストと並んで数隻の護衛駆逐艦と共に出撃したが、何事もなく帰還した。11月21日、グナイゼナウとシャルンホルストは軽巡ライプツィヒとケルン、駆逐艦ベルント・フォン＝アルニム、エーリヒ・ギーゼ、カール・ガルスターと共にパトロール任務のためにフェロー諸島周辺の海域に出撃し、23日にそこで英国海軍の仮装巡洋艦ラワルピンディと遭遇し、砲火を交えて撃沈した。

　シャルンホルストと同様に、グナイゼナウはこの海域の荒い波によって重大な損傷を受け、帰還するとすぐにキールの乾ドックに入り、12月の後半一杯この状態が続いた。

バルト海の静かな海をゆっくりと航走しているグナイゼナウ。前甲板に立っている乗組員は白の夏服姿が多い。

竣工時のスタイルのグナイゼナウ。艦首はストレートであり、後に取り外されることになる「ツェーザル」砲塔上のカタパルトはまだ装備されたままである。穏やかな海面でかなり高い艦首波を立てており（前頁の写真と比べてみていただきたい）、この写真は試験運転で高速度を出した時のものではないかと思われる。

　1940年の初頭、グナイゼナウはシャルンホルストと共に、さらにバルト海での訓練と試験航行を重ねた。この間、キーラー・フェルデ（キール港に至る約20kmの峡湾）で厚い氷に閉じ込められて損傷を受け、短い期間、修理のために乾ドックに入った。

　2月の半ば、グナイゼナウはシャルンホルスト、重巡アトミラール・ヒッパーと戦隊を組み、護衛の駆逐艦と共にシェトランド諸島の近くまで出撃したが、この時も何事も起こらず、2日後に根拠地に帰還した。ここで再び小規模な改装のために乾ドックに入った。最も目立つ改装は「ツェーザル」砲塔の上のカタパルトとその艦載機取り扱い用クレーンの撤去だった。

　1940年4月7日、グナイゼナウは次の作戦に出撃した。シャルンホルスト、アトミラール・ヒッパーと主力戦隊を組み、それに駆逐艦14隻の護衛がついた。前に述べたように、この部隊の行動目的はノルウェーを目指すドイツ軍上陸作戦部隊の側面支援に当たることだった。4月9日、グナイゼナウとシャルンホルストは英国の巡洋戦艦レナウンと短期間、砲戦を交えた。ドイツ側の28cm砲弾数発がレナウンに命中したが、いずれも不発弾だった。グナイゼナウは艦橋楼、「アントーン」砲塔、左舷の高角砲塔に命中弾を受け、その被害に加えて荒波の中で大量の浸水による損害が発生した。本国へ帰還するとただちに、修理のために再びドックに入った。

　5月の始め、グナイゼナウはバルト海に向かうために出港したが、ヴィルヘルムスハーフェンを離れてから2時間も経たないうちに触雷した。しかし、6月には作戦行動可能になり、6月4日に再びシャルンホルスト、アトミラール・ヒッパー、駆逐艦4隻と共に出撃した。この作戦はノルウェーに展開したドイツ軍が受けている圧力を排除することが目的であり、8日の午後、本国に向かって航行中の英国海軍の小部隊、航空母艦グローリアス、駆逐艦アーデントとアカスタを捕捉して撃沈した。この戦闘の後、短い期間、トロンヘイムに入港したグナイゼナウは、6月20日に出港して間もなく英軍の潜水艦クライドによって雷撃された。魚雷は左舷の艦首近くに命中し、一時的な修理を受けるためにトロンヘイムに引き返した。魚雷による破口は大きく、小型のボートが左舷から右舷に通り抜けられるほどだったといわれているが、損傷は艦首附近の区画のみに限られており、破口はすぐに鋼板によって塞がれた。

　7月26日、グナイゼナウは軽巡ニュルンベルク以下の強力な護衛を受け、トロンヘイムからキールに向かって出港したが、その日のうちに潜水艦テムズの魚雷攻撃に狙われた。

ある時期のグナイゼナウを写したプロパガンダ用の写真。この艦の優美なスタイルが見事に捉えられている。艦首は改装前のストレート型である。

　グナイゼナウにとっては幸いなことに、魚雷の狙いは外れたが、護衛の水雷艇ルクスに命中し、この艇は沈没した。
　7月30日、グナイゼナウは無事にキールに到着し、その年の終わり近くまでかかって修理が行われた。12月28日、この艦は再びシャルンホルストと戦隊を組んで通商破壊戦に出撃したが、強烈な天候に巻き込まれ、大きな損傷を受けたため、やむを得ず母港に引き返した。
　キールで入渠して小規模な修理と改装を受けた後、姉妹艦2隻は1941年1月22日に再び出撃した。この出撃でグナイゼナウは大きな戦果をあげ、船舶11隻、合計66,000トン以上を撃沈した。作戦終了後、1941年3月22日にシャルンホルストと共にブレスト軍港に入港した。
　グナイゼナウは機関のオーバーホールのために乾ドックに入るように計画されていたが、それを待って碇泊しているうちに、4月6日、RAFのボーフォート雷撃機の単機攻撃を受け、魚雷命中によって機関部に及ぶ重大な損害を被った。翌日、乾ドックに入ったが、10/11日の夜間空襲でさらに爆弾4発を被弾した。そのうちの1発は不発弾だったが、3発の爆発によって死者78名と負傷者80名以上の人的損害が発生し、艦の損傷は激しく拡大した。乗組員は必要最低限の人数を除いて全員、陸上の兵舎に移動した。この大規模な損傷の修理のために、グナイゼナウは1942年1月まで行動不能の状態が続いた。
　この時期までには、シャルンホルストとグナイゼナウがフランスの大西洋岸の港に留まり続けるのは難しいことが明らかになっていた。2月11日、この2隻の戦艦と重巡プリンツ・オイゲン（前年6月1日にブレストに入港し、7月1日の夜に爆弾1発が命中して大きな損害を受け、1942年の初めにやっと作戦行動可能になった）は、駆逐艦以下の多数の護衛艦艇と共に、本国の水域を目指して出港した。「ツェルベルス」というコード名のこの作戦は、かなりの規模の戦隊がイギリス人共の鼻先を突破して本国に帰還し、宣伝価値の高い成功を収めたが、シャルンホルストとグナイゼナウは航行中に触雷した。グナイゼナウの被害は比較的軽く、プリンツ・オイゲンと共に航行を続け、13日の早朝キール運河の西の入り口、ブルンスビュッテルに入港することができた。
　グナイゼナウは2月13日のうちにキールへ移動し、ドイッチェ・ヴェルク造船所で修理が開始された。不運なことにグナイゼナウは、規定に違反して、弾薬を艦から取り降ろさないま

ま乾ドックに入れられた。そして、2月26/27日の夜間爆撃の際に前甲板を直撃した爆弾1発が、甲板の装甲を貫通して艦内で炸裂した。そのため、「アントーン」砲塔に配置されていた弾薬が引火して爆発し、巨大な砲塔が回転台座から吹き飛ばされ、乗組員100名以上が死亡した。

　これだけ大規模な損傷の修理はキールでは不可能なので、グナイゼナウは自力航行して4月4日にゴーテンハーフェンに到着した。この時点で工事の方針が決定された。これだけの大規模な修理工事の機会を利用して、改良と近代化のための大改造を実施することになったのである。その主な点は28cm砲三連装砲塔を取り外し、ビスマルク級と同じ38cm砲連装砲塔を据え付けることだった。この方針に従って、グナイゼナウは1942年7月1日付で現役を解除され、損傷した艦首を取り除き、主砲塔を取り外す工事が開始された。主砲塔は後に陸上の砲台で使用され、ベルゲンの砲台に移された1基は戦後に全面的に復元され、現在も完全な状態で残っている。

　1943年1月、ヒットラーが大改造工事をすべて中止するように命令した。残っていたグナイゼナウの火砲兵器はすべて取り外され、艦体は水上貯蔵庫および水上防空シェルターとして使用された。

　一時は威容を誇ったこの艦は1945年3月27日、屈辱的な最後を迎えた。ソ連軍が接近してきたため、ゴーテンハーフェンの湾口に曳航され、湾口をブロックする閉塞船として沈められたのである。

　艦体は戦後もそこに沈んだまま放置されていたが、1951年に引き揚げられてスクラップにされた。

■グナイゼナウの要目

排水量	37,900トン（満載状態）
全長	234.9m
全幅	30m
推進機関	デシマグ式タービン×3基、合計出力154,000馬力。
最大速度	31ノット（57.4km/h）
航続力	6,200浬（11,480km）、最適経済速度19ノット（35.2km/h）による。
燃料搭載量	5,360メートルトン
武装	主砲：28cm砲9門（三連装砲塔3基）、300kg以上の砲弾を発射し、最大射程42.5km、1門あたり発射率毎分3.5発。 連装副砲：15cm砲8門（連装砲塔4基）、45.3kgの砲弾を発射し、最大射程23km、1門当たり発射率毎分8発。 単装副砲：15cm砲4門（単装砲塔4基）、要目は連装副砲と同じだが、最大仰角がやや少ないため最大射程は22km。 高角砲：10.5cm14門（連装砲塔7基）、15kgの砲弾を発射し、最大射程17.7km、1門当たり発射率毎分18発。 大口径高角機関砲：3.7cm砲16門（連装砲架8基）、0.75kgの砲弾を発射し、最大射程8.5km、1門当たり発射率毎分40発。 中口径高角機関砲：2cm砲22門（単装と四連装砲架）、最大射程4.9km、発射率は単装砲架が毎分120発、四連装砲架が毎分220発、最大射程4.9km。 魚雷発射管：53.3cm発射管三連装2基（実戦に使用されたことはなかった）。 艦載機：アラドAr196複座水上偵察機3機 乗組員：1,969名

改装後のグナイゼナウの姿。艦首は「アトランティック」型に変わり、甲板と舷側の反りが目立っている。この改造は、この艦が高速や高波浪の時に前甲板に大量の海水をかぶる傾向を抑えるために計画されたのだが、期待ほどの効果はあがらなかった。新たに加えられた煙突のキャップがメインマストの前に見えている。この写真が大戦前に撮影されたものであることは、艦首に飾られた盾型の紋章によって判別できる。これは大戦勃発の際に取り外された。

艦長

1938年5月～1939年11月　エーリヒ・フェルステ大佐
1939年11月～1940年8月　ハーラルト・ネッツバント大佐
1940年8月～1942年2月　オットー・ファイン大佐
1942年2月～1942年5月　ルードルフ・ペーターズ大佐
1942年5月～1942年7月　ヴォルフガング・ケーラー大佐

グナイゼナウは見る者の心を楽しませるだけの美しさを持つ艦であり、乗組員たちの間で人気が高かったが、基本的には多くの弱点を背負った艦だった。戦艦と同じ程度の大きさだったが、ドイツの主要な敵国の主力艦に比べて砲撃戦闘力が低かった。そして、耐波性が不十分であり、荒天の下での航行で損害を受けることが多かった。進歩した技術レベルの蒸気タービンを中心とした推進機関は、出力がドイツ艦の中で最高のクラスだったが、十分なテストを重ねる時間の余裕がないままに急いで装備されたため、実用化後にさまざまな程度の故障が数多く発生した。

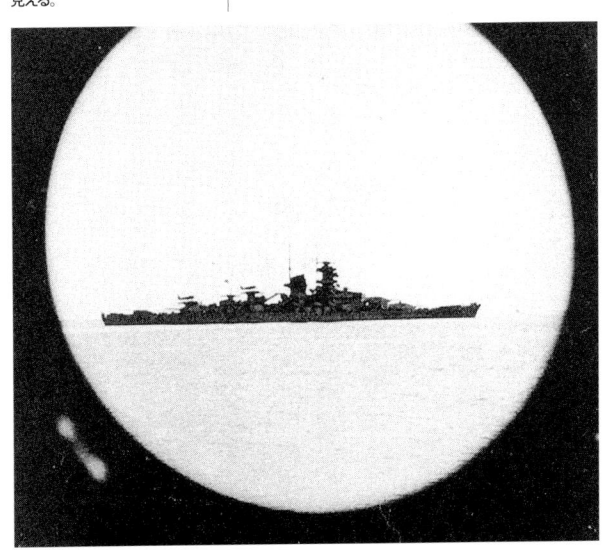

遠くに見えるグナイゼナウ。シャルンホルストの舷窓の枠に収まっている。これは改装後の写真だが、まだ、「ツェーザル」砲塔の上のカタパルトは取り外されていない。2基のカタパルトの上にアラド196水上偵察機の小さいシルエットがはっきりと見える。

防御装甲の面では、グナイゼナウの舷側の装甲の厚さは35cmであり、38cm砲弾に耐える強度を持っていた。上甲板の装甲はやや控えめな5cmだったが、それを補うために2段下の甲板に厚み9.5cmの装甲板が張られていた。この装甲板は、どのような砲弾や爆弾が上甲板を貫通した後に炸裂しても、十分に耐えるはずであると計算されていた。この艦が建造された当時にはこの仕様は適切だったのだが、大戦が進行するにつれて連合軍の爆弾の貫通力、爆発力は高まり、この装甲板では不十分であることが明らかになった。一方、魚雷に対しては、舷側から4.5m内側に厚み4.5cmの装甲板バルクヘッドが設けられており、高い防御力を持っていた。

シャルンホルスト級の塗装パターン
Colour Schemes

　シャルンホルストもグナイゼナウも竣工した時は、全体にわたって薄いグレーに塗装されていた。しかし、開戦後には、複雑さの程度は各々さまざまだったが、不規則なカムフラージュのパターンが加えられた。

　1940年の秋の間はシャルンホルストとグナイゼナウの両方共、舷側に黒と白の幅広の帯を斜めに塗装し、それが上部構造物にも延びていた。船体の前部と後部はきわめて濃いグレーに塗装された。実物より小さい艦だという印象をあたえるためである。この効果をいっそう高めるために、舷側の薄いグレーの部分の先端と後端には偽の艦首波と艦尾波が白く描かれた。

　1942年2月の「ツェルベルス」作戦の際、シャルンホルストは興味深いパターンに塗装された。装甲ベルトとその少し前と後ろの部分を、舷側の他の部分よりも濃いグレーに塗装し、主砲塔の側面と上部構造物には基本的な薄いグレー塗装の上に濃いグレーの斑点を加えたのである。

　1943年の半ばにシャルンホルストは、舷側と上部構造物の全体の塗装を大戦初期の塗装よりも濃いグレーに変えた。しかし、以前のカムフラージュのパターンとは逆に、舷側の前部と後部はきわめて薄いグレーで塗装した。これも小さい艦だという印象を敵にあたえようと意図した方策だった。

　味方の航空機から誤認による攻撃を受けることを避けるために、いくつかの作戦出撃では砲塔の上部に味方識別色が塗装された。「ツェルベルス」作戦の際は主砲塔と連装副砲塔の頂部がブルーに塗られ、1941年1月の「ベルリン」作戦では砲塔頂部は黄色に塗装された。

THE BISMARCK CLASS
ビスマルク級

　歴史上、最も有名な軍艦のうちの1隻であるビスマルクは、1936年7月1日、ハンブルクのブローム・ウント・フォス社の造船所で起工された。第一次大戦の後、ドイツはヴェルサイユ条約によって艦艇建造について厳しい制限を受けていたが、1935年6月に英国とドイツの間で海軍協定が結ばれたためにその制限が解除され、その直接の結果としてビスマルクの建造が始められたのである。この協定で合意された項目のひとつによって、ドイツは水上艦艇を英国海軍の兵力の35パーセント以内まで建造することができるようになった。戦艦の枠は合計184,000トンであり、35,000トン程度の艦5隻を建造することが可能になった。1隻当たりの排水量の枠は後に45,000トンに拡大された。ドイツ海軍は英国艦隊の15インチ砲搭載戦艦に匹敵する大型艦を計画し、ただちに設計の準備作業が開始された。

　この新型艦は実質的にはコード名「D」／「E」、竣工してシャルンホルストとグナイゼナウとなった2隻を拡大して、主砲塔を4基に増大するデザインだった。この新型艦は、吃水線の70パーセントにわたって装着された強力な装甲ベルトによって防護され、船体は22の水密区画に分けられていて、浸水または火災の被害を各区画内に留めるように設計されていた。新艦の装甲ベルトの厚さは32cmであり、「D」／「E」艦の35cmより薄い

1939年2月14日、ハンブルクのブローム・ウント・フォス社造船所で船台から海上に滑り下りたビスマルクの船体。この時のビスマルクの艦首はストレート型だったが、艤装工事の間に「アトランティック」型に改造された。船体の上には上部構造物の最下部と「ブルーノ」、「ツェザール」両砲塔の円筒基部だけができ上がっている。

が、艦内の傾斜装甲板の鋼板の最大厚みは12cmであり、「D」／「E」の最大11cmより厚かった。この艦が設計された時期には、知られている限りの敵の兵器のいずれに対しても、この防御力は十分であると考えられていた。

戦艦ビスマルクの戦歴
Schlachtschiff Bismarck

ビスマルクは1939年2月14日、ハンブルクのブローム・ウント・フォス社造船所で進水した。進水式にはアードルフ・ヒットラーが出席し、「鉄の宰相」その人の孫、ドロテア・フォン＝レーヴェンフェルトによってこの艦名が授けられた。この艦名に名を残したオットー・フォン＝ビスマルク侯爵は、プロシアの宰相として1870〜71年の普仏戦争を主導して勝利を収め、それに続いてプロシアを中心にした国家統合を実現し、プロシア王、ヴィルヘルムⅠ世を皇帝に戴くドイツ帝国を創り上げ、そこでその宰相となった人物である。

進水した時、ビスマルクの艦首は先端と左右舷側の反りがほとんどない状態だったが、艤装の期間のうちに反りのある「アトランティック型」に改造された。艤装工事が完了した後、この艦は艦長エルンスト・リンデマン大佐の指揮の下に、1940年8月24日、ドイツ海軍に就役した。その後、ビスマルクは広範囲な航走試験と乗組員訓練のためにバルト海に向かって出港する準備を進めていたが、9月15日、予想していなかった初めての実弾発射の場面が港内で発生した。RAFの少数の夜間爆撃機がハンブルク上空に進入したため、照空灯が敵機を捉えようと夜空を捜索し、陸上の対空砲陣地と共にビスマルクも高角砲を発射したのである。命中弾の記録はない。ビスマルクは最初、ハンブルクからキールに移動し、そこからバルト海に面したゴーテンハーフェンに移った。これらの比較的安全な水域で、ビスマルクは性能を確認し、乗組員の練度を高めて行った。速度、運動性、

竣工、就役した直後のビスマルク。仕上げたばかりの薄いグレーの塗装はまったく汚れが見えない。艦橋楼頂部の射撃管制測距儀がまだ装備されていない点に注目されたい。

艤装工事中のビスマルク。進水の時にストレートだった艦首は、この時にはすでに「アトランティック型」に改造されている。

非常事態対応演習、砲撃訓練、いずれもすばらしい結果を示した。12月の初め、この艦はハンブルクのブローム・ウント・フォス造船所にもどり、細かい最後の艤装工事を完了した。その後、いっそうの訓練と演習を重ねるためバルト海にもどるように計画されていたが、キール運河で沈没船が1隻あり、悪天候のためにその引き揚げ作業が進行しなかったので、運河を航行できなかった。

3月の半ばになって、ビスマルクはバルト海に移動することができ、それから2カ月にわたって追加の訓練と兵器・装備のテストを重ねた。そして、1941年5月、実戦出撃可能の状態に達したと確認された。それまでの期間にビスマルクは舷側と上部構造物にわたって、直線輪郭で幅広の黒と白のストライプを不規則に組み合わせたカムフラージュ塗装を施された。艦を小さく見せようとするための偽の艦首波と艦尾波も描かれていた。

初めのうち、海軍最高司令部は4隻の戦艦、ビスマルク、ティルピッツ、シャルンホルスト、グナイゼナウの強力な戦隊を編成する構想を持っていた。シャルンホルストとグナイゼナウはすでに英国の海上輸送路に対する攻撃で大きな戦果をあげていたので、この強力な戦隊が実現すれば、どれほどの恐ろしい打撃を英国にあたえるか、そしてこのドイツの戦隊を捕捉するために、英国海軍がどれほど大きな兵力を割かねばならなくなるか、誰でも容易に想像することができた。しかし、ドイツにとって不運なことに、ティルピッツはまだ実戦出撃可能な状態には至っておらず、シャルンホルストはブレスト軍港で機関部の全体的なオーバーホールを受けていた。このため、ビスマルクはグナイゼナウ、重巡プリンツ・オイゲンと共に出撃することが決定された。ビスマルクの任務は捕捉した敵船団の護衛艦艇と交戦して、彼らを船団から離れさせ、他の2隻が商船の群れを攻撃しやすい状況を創り出すこととされていた。

しかし、この計画は再び変更されねばならなくなった。ブレスト軍港でドックに入っていたグナイゼナウが4月10日夜のRAFの爆撃によって大きな損傷を受けたのである。このため、計画されていた大西洋通商破壊作戦、コード名「ラインユーブング」（ライン演習）作戦の兵力は、ビスマルクとプリンツ・オイゲンの2隻だけになった。ビスマルクに座乗した司令長官ギュンター・リュトイェンス大将の指揮の下に、この戦隊は北海を北西に進み、アイスランドとグリーンランドの間のデンマーク海峡を南下する北廻りコースを取って北大西洋に入り（うまく行けば敵に発見されることなしに）、カナダのノヴァ・スコシアから英国に向かう輸送船団を探し求めるように計画されていた。

カラー・イラスト

解説は 47 頁から

A：シュレスヴィヒ＝ホルシュタイン級

1

2

3

A

B：戦闘中のシャルンホルスト

C：シャルンホルスト級——改装後

1

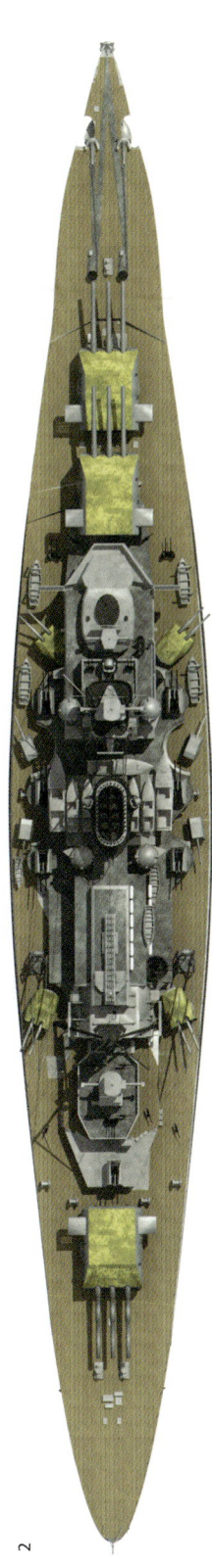

2

iii

ii

i

図版 D
ビスマルク級の解剖図

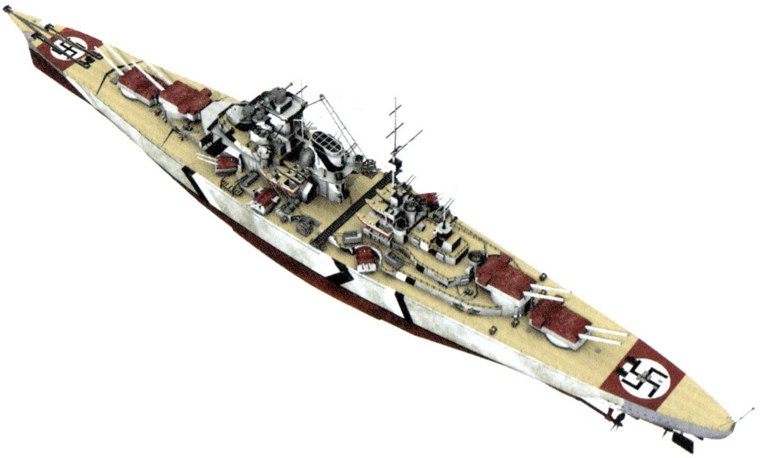

各部名称
1. アンカークルーズ（錨留め舷側切り欠き）
2. 対空識別マーク
3. キャプスタン（錨鎖留め）
4. 38cm主砲「アントーン」連装砲塔
5. 排気装置
6. 38cm主砲「ブルーノ」連装砲塔
7. 前部射撃指揮所
8. ブリッジ（艦橋）
9. フォートップ＝艦橋楼頂部
10. 前部主砲・副砲射撃指揮用測距儀
11. 探照灯（カバーで覆われている）
12. フォーマスト（前檣）
13. メインマスト（主檣）
14. 探照灯
15. 10.5cm高角砲射撃指揮所
16. 後部主砲・副砲射撃指揮用測距儀
17. 後部射撃指揮所
18. 38cm主砲「ツェーザル」連装砲塔
19. 38cm主砲「ドーラ」連装砲塔
20. 舵（左右2枚）
21. スクリュー（3基）
22. 3.7cm高角機関砲連装砲架
23. 10.5cm高角砲連装砲塔
24. 艦載機格納庫
25. カタパルト
26. 15cm副砲連装砲塔
27. タービン室
28. ボイラー 12基
29. 副砲用測距儀（両舷中部の連装副砲塔に装備）
30. 煙突までの排煙ダクト
31. 艦載内火艇
32. 前部10.5cm高角砲射撃指揮所
33. パラヴェイン（機雷掃海用具）
34. 主砲塔内装備測距儀
35. 乗組員居住区
36. 燃料槽
37. 弾薬庫

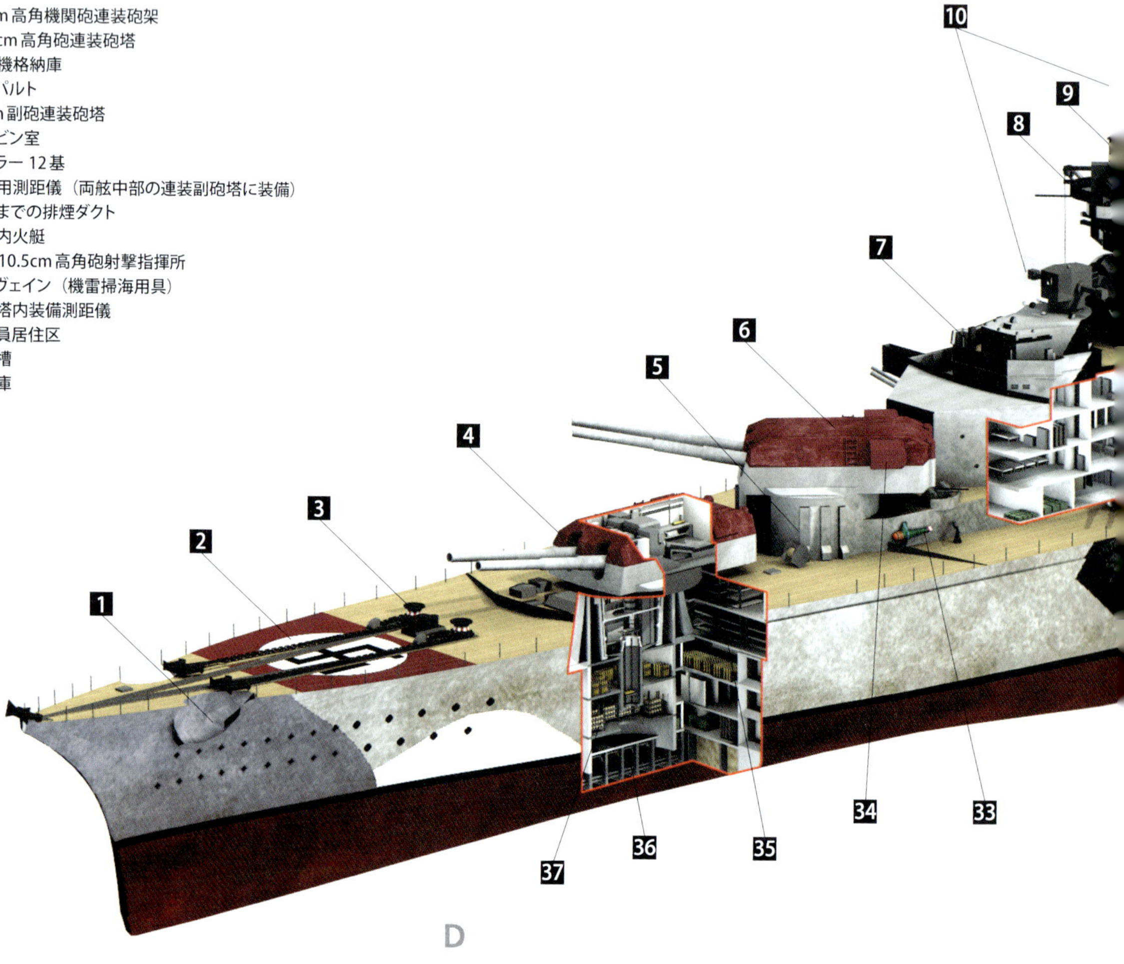

ビスマルク級の要目
全長：250.5m
全幅：36m
排水量：35,000トン（公式表示）
　　　　50,900トン（満載時の実際値）
速度：30.8ノット（57.04km/h）
航続距離：8,500浬（15740km、最大限）
乗組員：士官103名、下士官兵1,989名
武装：38cm主砲×8
　　　15cm副砲×12
　　　10.5cm高角砲×14
　　　3.7cm高角機関砲×16
　　　2cm高角機関砲×20

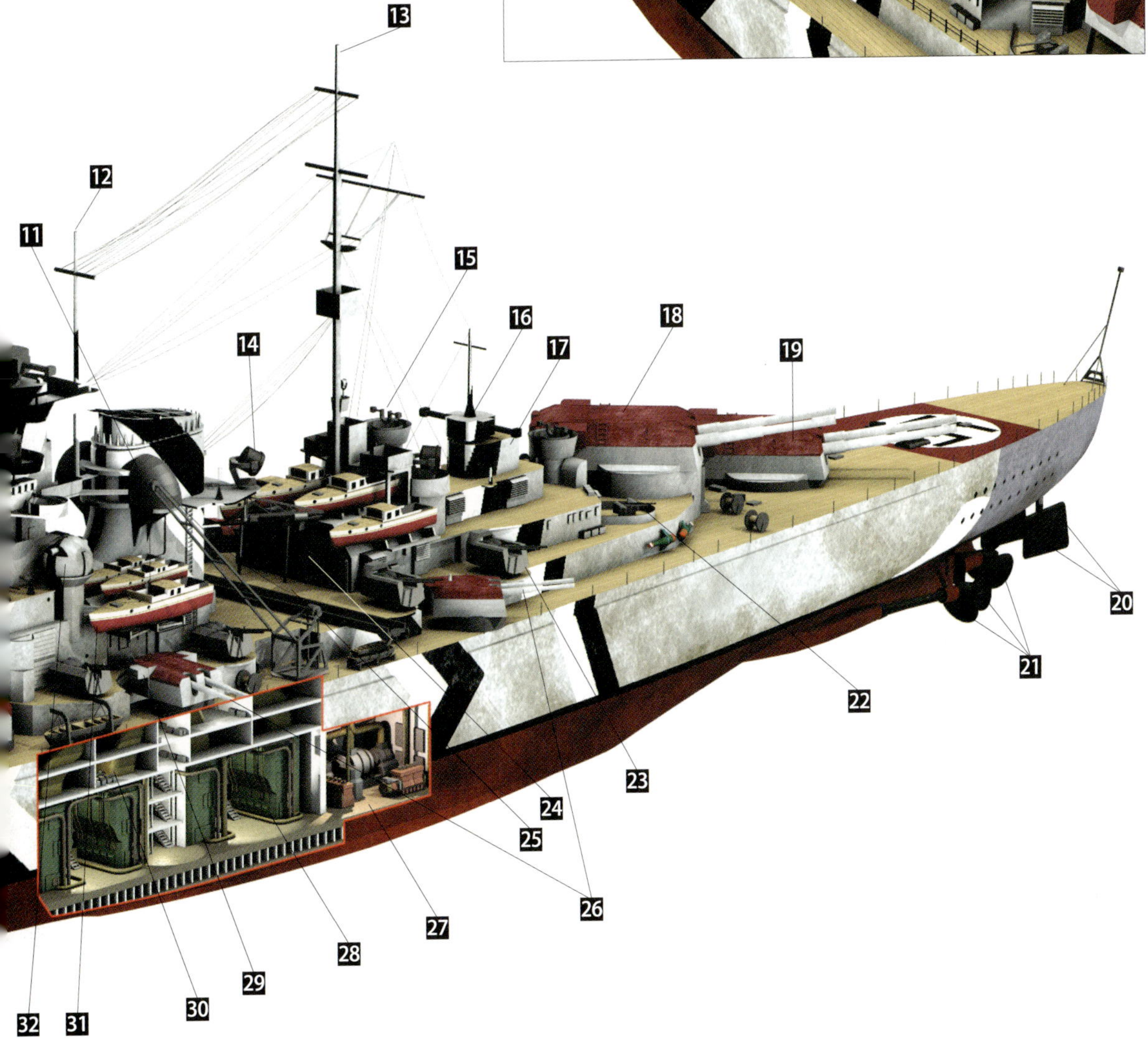

E：改装後のグナイゼナウ

1

2

iii

ii

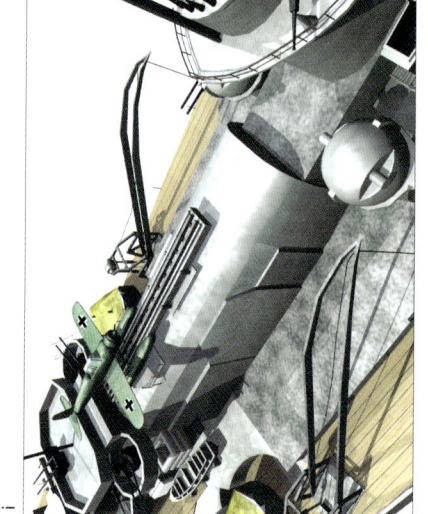
i

E

F：爆撃行動中のビスマルク

G：ティルピッツ

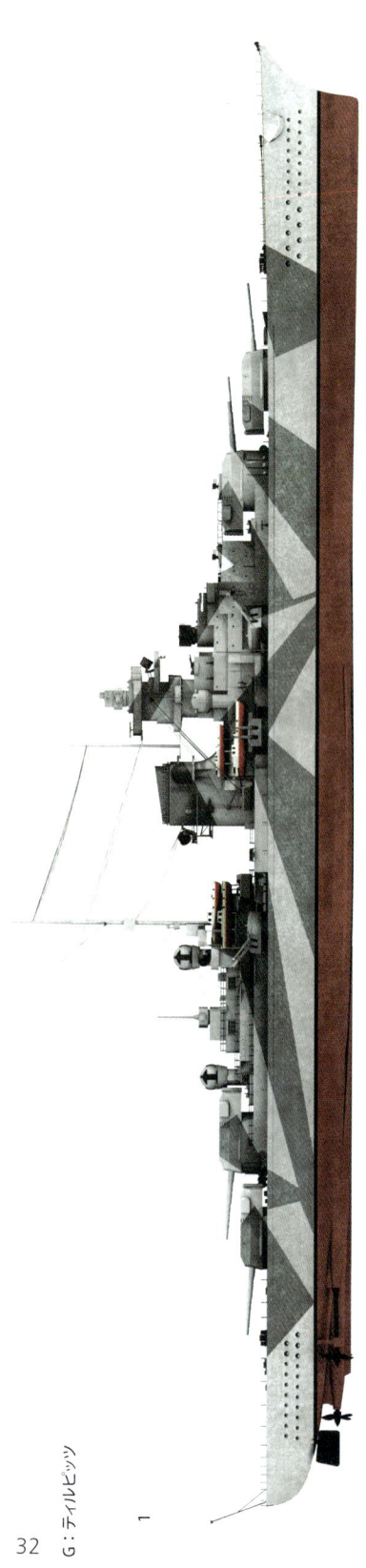

1

2

iii

ii

i

G

艤装工事中の主砲塔「ブルーノ」。2門の38cm砲は装備済みであり、その周囲の装甲砲塔構造の工事が進んでいる。多数の足場や梯子が複雑に組み上げられており、艤装工事の典型的な場面である。

　ビスマルクとプリンツ・オイゲンの出撃は4月下旬の新月の時期と計画されていたが、その直前に不運な事態が発生した。4月23日、護衛と共にキーラーフェルデに入ろうとしたプリンツ・オイゲンが、RAFが投下していた磁気機雷の至近距離爆発によって損傷し、入渠修理が必要になったためである。ここで、「ラインユーブング」作戦はシャルンホルストとティルピッツが出撃可能になるまで延期してもよいのではないかという考えも現れたが、海軍最高司令官レーダー元帥はプリンツ・オイゲンが出撃可能になりしだい、ただちに作戦を実施せよと命じた。

　5月1日、ヒットラーは国防軍最高司令部参謀総長カイテル陸軍元帥、レーダー海軍元帥を伴って、ビスマルクを公式訪問した。次の新月の時期を待って、5月18日にビスマルクとプリンツ・オイゲンは多数の護衛艦艇と共にゴーテンハーフェンを出港した。途中で一度、給油のために停止した後、デンマーク半島の東側のカテガット海峡と北側のスカゲラック海峡を通り、北海を北上して20日にノルウェーのベルゲンに到着し、ビスマルクはグリムスタッドフィヨルドに投錨した。この時のビスマルクは舷側と上部構造物に塗装されていた白と黒の四角張ったカモフラージュ・パターンを塗り消され、艦首の少し後方に描かれた偽瞞のための艦首模様だけが残っていた。プリンツ・オイゲンはわずかに北方のカルヴァネス湾に投錨し、そこで燃料の補給を受けた。

　ドイツ側は敵に発見されずに北大西洋に進出することを望んでいたが、残念なことに、この2隻の主力艦がノルウェーに到達したことはレジスタンス活動のメンバーたちによってただちに英国に通報された。そして、RAFの偵察機が撮影した写真によって、この艦がビスマルクであることが確認された。

　5月21日、ビスマルクはカルヴァネス湾でプリンツ・オイゲンと会同し、夕刻、英国側に察知されずに出港して北に向かった。その後、400kmほど航行し、トロンヘイムの緯度に近い北緯64.5度附近で南へ転針して行く護衛と別れ、北極圏近くで西に針路を変えてアイスランド北方の海域に向かった。5月23日の午後遅く、デンマーク海峡——アイス

艤装工事進行中のビスマルクの10.5cm高角砲砲塔のひとつ。最初に砲身と発射機構が砲塔の基部に据えつけられ、それから砲塔の外周が取りつけられる工事の過程がよくわかる。

ランドの西海岸とグリーンランド東岸の氷原の間の海峡——に入り、機雷敷設の可能性があるこの水域を慎重に進んで行った。夕刻になって、この海峡に英国海軍の重巡洋艦サフォークが現れた。ビスマルクの戦隊を発見したサフォークは追尾に移り、しばらく後にはサフォークの警急通報を受けた姉妹艦ノーフォークがこの地点に急行してきて、追尾行動に加わった。ビスマルクは砲撃を開始し、英軍の2隻は後退して距離を拡げた。ビスマルクは一時、このストーカー共を追跡しかけたが、すぐに南に向かう元の針路にもどった。

　いまや、ビスマルクの戦隊の位置は敵に知られており、敵の強力な部隊との交戦が近づいていることを覚悟せねばならなかった。そして、実際に、翌朝の0600時前、左舷の真横の水平線上に敵艦のマストのトップを発見した。そこに現れたのはありがたくない相手、巡洋戦艦フッドと戦艦プリンス・オブ・ウェールズだった。英艦2隻はすぐに砲撃を始め、ドイツ側は2分後に射撃開始した。ビスマルクの戦隊は2隻ともフッドに狙いを集中し、フッドはドイツの2艦のスタイルが似ているので混乱したためか、プリンツ・オイ

ビスマルクの艤装工事中の姿は、間もなくでき上がるスマートで優美なスタイルとはまったくかけ離れていた。艦の全体に足場がいくつも組まれ、作業機械の動力と艦内の照明のための電線が方々に乱雑に延びていた。連装副砲塔の後上方に見える構造物は艦載機の格納庫である。

ゲンに射線を向けた。プリンス・オブ・ウェールズはドイツの2隻を正確に識別し、ビスマルクを狙って砲撃した。砲撃開始の2分後、プリンツ・オイゲンの射弾命中によってフッドの後檣附近に大きな火炎が上がったと、ビスマルクの観測員が報告した。その4分後、ビスマルクの主砲斉射の砲弾がフッドの甲板装甲を貫通し、火薬庫に火災が拡がった。そして巨大な爆発と共に、この英国の巡洋戦艦の船体はふたつに折れた。数分のうちに、48,000トンの巨艦の前半分と後半分は沈没し、乗組員1,421名のうち、救助された者は3名にすぎなかった。いまやビスマルク戦隊の砲撃を集中的に受けることになったプリンス・オブ・ウェールズは命中弾数発を受け、展開した煙幕に隠れて避退した。

しかし、ビスマルクも数発被弾していた。プリンス・オブ・ウェールズの射弾の1発は左舷から右舷に貫通して大穴を開け、破口から2,000トン以上の海水が艦内に流入した。別の1発の命中により、ボイラー室のひとつでかなりの浸水があった。そして、重油洩れ発生はもっと重大な結果をもたらす被害だった。重油洩れの跡を敵が発見すれば、この艦の行方を追跡する手がかりになるからである。

この時点でリュトイェンス提督は、ビスマルクはビスケー湾に面したフランスのサン・ナゼールに向かい、プリンツ・オイゲンは大西洋を南下して通商破壊戦を続けた後にブレストに向かうことを決定した。その結果、ビスマルクは5月24日の1800時をわずかにすぎた時、距離を置いて尾行してくる巡洋艦2隻に向かって発砲を続けながら、左へ針路を変え、プリンツ・オイゲンはそのまま南へ進み、身を隠すカーテンとなった激しいスコールの中に入って、この場から逃れ出た。

英国海軍の包囲網はビスマルクに迫ってきた。2330時頃、敵機が右舷前方に現れた。空母ヴィクトリアスから発進したソードフィッシュ複葉雷撃機である。ビスマルクは高速でジグザグ航走したが、全部の魚雷を回避することはできず、1本が右舷に命中した。命中した箇所は装甲ベルトであり、損傷はなかったようだった。この航空攻撃からあまり時間が経たないうちに、プリンス・オブ・ウェールズが巡洋艦と共に再び砲撃圏内に接近し、主砲を2回斉射した。ビスマルクはただちにそれに応射したが、双方とも命中弾はなく、英軍の戦隊は再び後方に退いた。

英国海軍はフッド撃沈に対する報復に激しく意欲を燃やし、強大な兵力をビスマルク追跡に投入する態勢を取った。本国艦隊はもちろん、輸送船団護衛に当たっていた戦艦や巡洋艦、ジブラルタルにいたH部隊*の戦艦と航空母艦も動員した。5月25日のうちに、戦艦と巡洋戦艦6隻、航空母艦2隻、巡洋艦13隻、駆逐艦21隻がビスマルク追跡作戦の海域に向かった。

5月25日の早朝、ビスマルクは右に針路を変えた。これは大きな弧を描いて、追跡に当たる英国の艦艇の後方を廻るコースになった。そして、この一周を終わると、サン・ナゼールに向かう南東への針路を取った。脳天気な英艦の部隊はビスマルクのこの行動にまったく気づかず、南への追跡を続け、目標との接触は途絶えたままになってしまった。彼らはビスマルクに逃げ切られたと判断した後も、この艦は南へ向かうものと推測し、その方向への追跡を続けた。その結果、彼らとビスマルクの距離は拡がって行った。

残念なことにリュトイェンスは、彼が艦の追跡者の目からうまく逃れ切ったことに気づいていなかったので、姿を隠しておくためにきわめて重要な無線封止を続けようとしなかった。ビスマルクの発信電波を捉えた英軍は、ただちに発進位置を割り出した。

5月26日、1030時頃、ビスマルクの見張員は敵機を発見した。これはカタリナ飛行艇であり、ただちにこの艦の位置を通報した。ビスマルクは再び英国海軍に発見されたのである。それから10時間ほど後、H部隊の空母アーク・ロイアルから出撃した15機のソードフィッシュがビスマルクの上空に現れた。ビスマルクは怒り狂ったように激しく対空砲火

*訳注：フランス海軍が1940年6月、対ドイツ戦から離脱した後、それに代わって地中海西部防衛を担当する部隊として英国海軍はH部隊（Force H）を新編し、ジブラルタル海峡に配備した。

訓練の一部として、プリンツ・オイゲンから燃料補給を受けているビスマルク。この巨大な戦艦の幅広い艦型が十分に見てとれる。艦首の濃いグレーの部分と、その後方に描かれた偽瞞のための白い艦首波もはっきりと見える。

を撃ち上げたが、勇敢な複葉機は次々に接近して魚雷を投下した。ドイツの戦艦は激しい回避運動を重ねたが、全部を回避することはできなかった。命中した魚雷は3本だったといわれている。最初の2本は致命的な損傷には至らなかったが、3本目、攻撃の最後の数本のうちの1本がビスマルクの舵機に命中し、艦は操舵不能となり右旋回を続ける状態に陥った。この損傷が修理不可能であることはすぐに明白になった。ビスマルクから目的地までの距離はだんだんに拡がり、追跡してくる敵艦の方に近づいていった。

　5月27日、0830時すぎ、ビスマルクの艦内には警急ベルが響きわたった。戦艦ロドネーと、キング・ジョージⅤが艦の左舷前方に現れたのである。数分後、ロドネーが砲撃開始し、まもなくキング・ジョージⅤもそれに続いた。ビスマルクも2分足らずのうちに応射を開始した。双方の砲撃はかなり精度の高いものだったが、最初に敵に命中弾をあたえたのは英国側だった。0900時すぎ、すばやく距離を詰めてきた英国の戦艦が、最初の命中弾数発をビスマルクに浴びせた。それから20分のうちに、砲撃力の上で敵の半分にすぎないビスマルクは前甲板の主砲塔2基が作動不能に陥り、前部射撃指揮所が吹き飛ばされた。0930時をわずかにすぎた頃、後甲板の「ツェーザル」、「ドーラ」（D砲塔）の両砲塔とその射撃指揮所が機能を失った。

　ビスマルクは大きく傾いたが、船体には破損はなく、すぐに沈没する危険はなかった。しかし、この艦の上部構造物はロドネーとキング・ジョージⅤの主砲と副砲の零距離射撃同様な強烈な砲撃によって激しく破壊され、これ以上の戦闘継続が不可能であることは明らかだった。不本意ながら、ビスマルクでは自沈命令が出された。1039時、ほとんど横

最後に近い時期のビスマルクの写真のうちの1枚。プリンツ・オイゲンから撮影された姿である。プリンス・オブ・ウェールズからの命中弾の破口より大量の海水が流入したため、艦首が下がった姿勢になっている。

艦尾側から見た艤装工事中のビスマルク。まだ「ツェーザル」砲塔は周囲の足場だけの状態であり、「ドーラ」砲塔の巨大さが印象的に見える。

＊訳注：5月26日夜、ビスマルクは駆逐艦の魚雷攻撃を受けていた。

重苦しい天候の泊地内のティルピッツ。濃いめと薄いめのグレーによる幅広ストライプの破断模様カムフラージュが目立っている。これはこの艦の活動期間中の塗装パターンのひとつである。「ブルーノ」砲塔の上と艦橋楼の前部に四連装2cm高角機関砲が追加装備され、艦の周囲には魚雷防御網が張り巡らされている。

倒しの状態にまで傾いたビスマルクは、艦尾から沈み始め、最後には完全に転覆した状態になって沈没して行った。海面に脱出した生存者たちは、艦長エルンスト・リンデマン大佐が誇らし気に前甲板に立ち、敬礼したまま艦と共に沈んで行く姿を、畏敬の念を持って見守った。

生存者の多くはこの艦が自沈したと主張している。しかし、最近のビスマルク残骸の潜水調査によれば、自沈装置の作動は沈没を速く進める効果があっただけであり、ビスマルクは英軍の魚雷による損傷＊によって、それ以前からゆっくりと沈没の過程をたどっていたことを示す証拠が多数発見されている。

多くの乗組員は艦内に閉じ込められたまま巨大な艦と共に波の下に沈んでいったが、

かなりの人数が艦外に脱出していた。数百名が大西洋の冷たい水の中で生き残ろうと懸命になっている時、重巡洋艦ドーセットシャーがこの水面に乗り入れ、生存者救助の準備を始めた。トライバル級の駆逐艦マオリもこの場に到着し、救助作業を開始した。ところが不運なことに、この時、Uボートの潜望鏡発見の報告が入った。これは実は誤った報告だったのだが、英艦の側ではそれを知らず、自艦の安全を優先的に考えて、この場を離れていった。この時までに救助された者は110名にすぎず、海面に残っていた多数の者はそのまま見捨てられた。ビスマルクの乗組員2,092名のうちの95パーセントが戦死したのである。

■ビスマルクの要目

排水量	50,900トン（満載状態）
全長	250m
全幅	36m
推進機関	ブローム・ウント・フォス式タービン×3基、合計出力150,170馬力。
最大速度	30ノット（55.6km/h）
航続力	9,280浬（17,190km）、最適経済速度16ノット（29.6km/h）による。
燃料搭載量	8,000メートルトン
武装	主砲：38cm砲8門（連装砲塔4基）、800kgの砲弾を発射し、最大射程36.5km、1門当たり発射率毎分2発。
	副砲：15cm砲12門（連装砲塔6基）、45.3kgの砲弾を発射し、最大射程23km、1門当たり発射率毎分8発。
	高角砲：10.5cm砲14門（連装砲塔7基）、15kgの砲弾を発射し、最大射程17.7km、1門当たり発射率毎分18発。
	大口径高角機関砲：3.7cm砲16門（連装砲架8基）、0.75kgの砲弾を発射し、最大射程8.5km、1門当たり発射率毎分40発。
	中口径高角機関砲：2cm砲12門（単装と四連装砲架）、発射率は単装砲架が毎分120発、四連装砲架が毎分220発、最大射程4.9km。
	艦載機：アラドAr196複座水上偵察機4機
	乗組員：2,092名

艦長
1940年8月〜1941年5月　エルンスト・リンデマン大佐

戦艦ティルピッツの戦歴
Schlachtschiff Tirpitz

　ビスマルクの姉妹艦であるこの堂々とした戦艦は、1936年10月24日、ヴィルヘルムスハーフェン海軍工廠造船所の特別に延長され、強度を高めた船台で起工された。この艦の艦名はアルフレート・フォン＝ティルピッツ元帥の名を継いだものである。ティルピッツは1869年に任官したキャリアーの海軍将校であり、海軍の魚雷攻撃部隊の技術開発と兵力拡大に功労があった。1897年に海軍大臣に任じられ、1916年までこの職についていた。第一次大戦中のこの年に彼が辞職したのは、海軍が望んだ無制限潜水艦戦開始に皇帝が勅許をあたえなかったので、これに抗議するためである。
　1939年4月1日、この新戦艦はヴィルヘルムスハーフェンで進水した。丹念に準備された進水式にはアードルフ・ヒットラーと共に、昔のドイツ帝国海軍の高官が大勢出席した。

海岸近くに碇泊しているティルピッツ。重大な損傷のために戦闘行動不可能になっていても、英国人は依然としてこの艦を重大な脅威と見て、完全に破壊するまで攻撃を重ねた。

艦名はティルピッツ元帥の息女、フォン=ハッセル夫人によって授けられた。進水後の建造工事と艤装工事が完了したのは1941年2月であり、海軍への就役の式典は2月25日に行われた。それに続いて短い期間の初期試験運転を実施した後、ティルピッツは安全なバルト海へ移動し、ゴーテンハーフェンでドックに入った。そして、バルト海で広範囲な訓練を重ねると同時に、多くの試験を完了した。

5月5日、ヒットラーはこの最新の戦艦を公式訪問し、同じくゴーテンハーフェンに碇泊していた姉妹艦、ビスマルクも訪問した。

1941年6月22日、ソ連侵攻作戦――バルバロッサ作戦――が始まると、ソ連の艦隊が根拠地からバルト海に出撃しようと試みるのではないかということが懸念された。そのような事態に対応するために軽巡洋艦エムデン、ライプツィヒ、ケルン、ニュルンベルク、重巡洋艦（元は装甲艦（パンツァーシフ）と呼ばれていた）アドミラール・シェーアと、短い期間ではあったがティルピッツもそれに加わって、「バルト海艦隊」が編成された。ティルピッツは数日間、オーランド諸島（フィンランドの南西端の西100km、ボスニア湾の入り口の位置。スウェーデンに近い）周辺をパトロールした後、乗組

曳船に曳かれたティルピッツが緩い速度で、アルテンフィヨルドの奥、カーフィヨルドの波の静かな泊地に入って行く。

員の訓練を再開し、計画された訓練修了後にキールに帰港した。

　1942年1月12日、ティルピッツはキールを出港し、ヴィルヘルムスハーフェンに寄港して燃料を補給した後、ノルウェーに向かった。ドイツ海軍は連合軍の上陸作戦の意図を前もって押さえ込むために大型艦の戦隊をノルウェーに配備することを計画し、その旗艦となる予定のティルピッツは1月16日、トロンヘイムに近いアースフィヨルドに投錨した。

　3月6日、ティルピッツは駆逐艦4隻と共に英国の対ソ連援助護送船団を攻撃するためにトロンヘイムから出撃したが、激しい悪天候の中で敵の船団を発見することができなかった。しかし、ティルピッツの位置は英軍に探知され、9日の朝、空母ヴィクトリアスから発進したソードフィッシュ雷撃機2波12機の攻撃を受けた。幸い魚雷は全部回避し、敵機2機を撃墜して、3月12日の夜、トロンヘイム附近の泊地に無事帰還した。

　英軍は北極海護衛船団の脅威となるティルピッツを撃沈しようと決意を固めており、1月29/30日の夜に四発重爆16機によるトロンヘイム初空襲を試み、3月30/31日の夜には34機による二度目の爆撃を実施した。しかし、悪天候と強力な対空砲火のために、目標上空に進入する機がきわめて少なく、効果は皆無だった。

　天候が回復に向かい、燃料の備蓄が増してきたため、1942年6月の末近くに新たな出撃が計画された。目的はムルマンスクに向かう連合軍の護衛船団、その中でも殊に規模の大きいPQ17を攻撃することである。ティルピッツは駆逐艦5隻、水雷艇2隻と共に、7月1日、トロンヘイム附近の泊地を離れ、ノルウェーの最北地点であるノール岬の南西160kmのアルテンフィヨルドに向かった。ドイツ海軍の別の戦隊、重巡洋艦（装甲艦から改称された）リュッツォウ、アトミラール・シェーアの2隻と駆逐艦5隻はボーゲンフィヨルドの泊地を離れ、ティルピッツと合流するためアルテンフィヨルドに向かった。この2つの戦隊の移動では大混乱が発生した。ティルピッツの護衛の駆逐艦3隻と重巡リュッツォウが座礁したのである。7月5日の午後早い時刻、ティルピッツ、重巡2隻、護衛の駆逐艦はアルテンフィヨルドから出撃し、東北東に向かった。

　PQ17船団は4日の朝、最初の1隻が雷撃機の攻撃によって沈没し、その後、Uボートによる攻撃も加わって損害が増した。英国海軍司令部は、行方不明のままのドイツの主力艦戦隊が船団攻撃に現れると予想し、4日の2130時頃、船団は散開し、各船は個々にソ連に向かうように命じ、巡洋艦以下の直衛は西へ退避するように命じられた。その結果、分散した輸送船は個別にUボートと雷撃機の追跡攻撃を受け、35隻のうちの24隻が撃沈されるという大損害を被った。

　ドイツ海軍は5日のうちに、船団が散開したことを確認し、ノール岬の北東沖合まで進出していた主力艦戦隊に、2130時、引き揚げを命じた。ティルピッツは他の艦と共にアルテンフィヨルドに帰還し、その後、トロンヘイム附近の泊地に帰って小規模な改装を受けた。

　1943年1月、戦闘可能状態にもどったティルピッツは、シャルンホルスト、リュッツォウと共にアルテンフィヨルドに移動し、夏の半ばまで訓練を続けた。

　9月6日の夕刻、ティツピッツはシャルンホルスト、護衛の駆逐艦9隻と共にアルテンフィヨルドから出撃し、7〜8日にスピッツベルゲン島の連合軍施設を砲撃した。これがティルピッツの38cm主砲の初めての実戦発射だった。この出撃の後、アルテンフィヨルドに碇泊していたティルピッツは、9月22日の夜に大打撃を受けた。港口附近まで潜水艦6隻に曳航されて到着した英国海軍のミジェット潜水艇6隻が泊地内に進入し、そのうちの2隻がティルピッツの周囲の魚雷防御網をかいくぐって接近し、艦の真下の浅い海底に火薬2トン入りの爆雷合計4基を敷設した。爆雷は時限信管の作動によって翌朝の0800時

ノルウェーの泊地に碇泊しているティルピッツの後甲板。後甲板の2基の主砲塔と砲身には防水カンバスが掛けられている。それに加えて、乗組員が葉のついた木の枝などでカムフラージュ効果を高めようと努力した様子がうかがえる。このような努力にもかかわらず、ノルウェーのレジスタンス組織からの通報によって、英軍の情報部はティルピッツの所在地点を常に把握していた。

後方から見上げたシャルンホルストの艦橋楼の頂部。主砲射撃管制用の主測距儀が写っている。

すぎに爆発した。乗組員の死者は1名にすぎなかったが、艦体の損害は大きかった。砲塔、測距儀、射撃指揮所、カタパルト、操舵装置、推進器軸、エンジン、発電機、蒸気パイプなどがいずれもひどく損傷した。ティルピッツはどの面で見ても現役艦としての機能を失った。

最も重要な修理を実施するためには丸々半年の期間が必要だった。本国のいくつもの造船所からこの任務のために技師と工員1,000名が集められ、損傷した巨艦、ティルピッツの横に繋留された宿泊船に寝泊まりして修理作業に当たった。

ノルウェーのレジスタンス活動のメンバーは、修理の進捗状況を詳細にわたって連合軍側に通報しており、1944年3月に修理後の試験航行の準備が整う頃には、英軍の航空部隊も攻撃再開の準備を進めていた。4月3日は久しぶりの航空攻撃に

41

適した好天であり、140機が空母フューリアスとヴィクトリアスから出撃した。バラクーダ攻撃機21機を主力とする第1波と、同19機の第2波（いずれも爆弾搭載）の編隊に各々、ワイルドキャット20機、ヘルキャット10機、コルセア10機ずつの護衛がついた。

　0530時と0630時頃に目標上空に進入した第1波と第2波はいずれも、まずワイルドキャットとヘルキャットが低高度でティルピッツに接近し、対空砲座に激しい機銃掃射攻撃を加えた。この戦術は成功し、多数の砲員が死傷した。その後の急降下爆撃により、2波合計で99発の爆弾（730kg徹甲爆弾8発を含む）が投下され、直撃弾と至近弾は16発に達した。ティルピッツ乗組員の死傷者は約450名だったが、多数の命中弾にもかかわらず艦の損傷は比較的軽く、ここに派遣されていた作業人員によって1カ月ほどのうちに修理は完了し、7月の初めには再び航走試験可能の状態にもどった。

　4月初めの攻撃の後も、英国海軍航空隊（FAA）は何度か空母艦載機によって泊地内のティルピッツ攻撃を試みたが、ドイツ側は早期に進入を探知して煙幕を張り、強力な対空砲火で敵機を撃退したので、この戦艦に損害はなかった。

　7月の末から8月の初めにかけて、ティルピッツは多数の護衛駆逐艦と共に出港し、これが最後となる洋上航走試験を行い、無事に泊地に帰還した。

　8月に入ってもFAAはティルピッツ攻撃を三度重ねた。8月22日の最初の攻撃では乗組員の戦死1名、24日の二度目の攻撃では戦死8名の損害をあたえたが、ティルピッツの損傷はほとんどなく、戦闘能力に影響はなかった。

　FAAの攻撃の主力はフェアリー・バラクーダのような単発の雷・爆撃機だった。しかし、この時期には、依然として連合軍の北極海護衛船団にとっての脅威でありつづけるこの巨大戦艦を撃破するために、RAFの爆撃機コマンドが攻撃の準備を進めていた。

　9月15日、ソ連のムルマンスクに近いヤゴドニク飛行場から27機のランカスター四発重爆撃機が離陸した。そのうちの21機には重量12,000ポンド（5.5トン）の「トールボーイ」DP（高貫入力）爆弾が各1発搭載されていた。この高重量爆弾を搭載した状態のランカスターにとって、アルテンフィヨルドはスコットランド北部のロッシマスからの航続能力の限界外だったため、ソ連領の飛行場からの出撃が計画されたのである。この編隊が目標地区に接近した時には、ドイツ海軍は防衛体制を十分に整えていた。泊地全体に煙幕が張られ、ティルピッツの主砲も含めた対空砲火が激しく打ち上げられたが、指揮官機

シャルンホルストの28cm主砲のうちの1門の砲腔掃除に当たる乗組員。これは厳しい寒さの中での激しい労働だった。

地の果てのようなノルウェーのフィヨルド奥深い泊地に入っているティルピッツの乗組員たちにとって、退屈さは大きな問題だった。これは艦を訪れた慰安部隊の女性隊員が、後甲板に集まった乗組員たちの前で踊りを披露している場面である。

が煙幕の切れ目から投弾したトールボーイ1発がティルピッツの前甲板に命中した。この唯一の命中弾は艦体を貫通し、船底を破って、竜骨(キール)の真下で爆発した。これによって受けた損傷はきわめて重大だった。破口から海水1,500トンが流入したことと共に、キールと何層もの甲板が爆発によって上方に反り返ったのである。射撃指揮とレーダー関係の装備類も大きな損傷を受けた。人員の損害は負傷5名のみだったが、ティルピッツは再び作戦行動不能に陥った。

　この状態に対応する判断が下された。この艦を作戦行動可能な状態にもどす修理は行わず、適切な地点へ曳航して行き、浮き砲台として使用することが決定されたのである。選ばれた地点はノルウェー北部の主要港湾都市、トロムセの西3.5kmにあるハーケイ島周辺である。そこで選ばれた泊地は水深が浅く、その後の損傷によって、最悪の場合には沈没しても、底部が沈座するだけで、艦体の上部は水面上に出ていて、砲台としての機能は果たすだろうと期待された。この方針によって、必要な緊急修理を実施した上で10月15/16日に自力航行し、ハーケイ島南岸沖300kmの地点に投錨した。

　この地点はアルテンフィヨルドから西南西320kmであり、ティルピッツは再び英国本土からのランカスターの行動圏内に入った。ティルピッツの新しい碇泊地は間もなく英軍機に発見され、10月29日に爆撃機コマンドによる二度目の大規模爆撃が実施された。10月29日、トールボーイを搭載し、一部の銃塔を外して、その代わりに増槽タンクを搭載し

たランカスター32機がロッシマスから出撃し、0850時頃、泊地に接近した。この日は煙幕の展開は不十分だったが、直撃弾はなく、左舷艦尾附近に落下した至近弾1発によって一部の外板が損傷し、浸水も発生した。

この時点で、これ以上の修理はすべて中止され、不要な資材は陸揚げされた。そして、その後の艦の運用に必要とされる技能を持つ者以外の乗組員は艦を離れた。対空防御を強化するため、防空艦2隻が周囲に配置され、近くの陸地に対空砲台7カ所が新設された。

11月12日、ランカスターによる三度目の爆撃が行われた。2週間後にはこの地域では、太陽が地平線上に昇らない時期に入るので、この攻撃はほぼ最後のチャンスだった。前回と同様、トールボーイを搭載した32機がロッシマスから出撃した。0941時に先頭の指揮官機が投弾し、これが艦の左舷の中部に命中して艦体に大きな破口が開き、艦は15度傾斜した。その数分後、2発目が左舷後部に命中すると共に傾斜は40度に増し、下部甲板の乗組員には総員退避が命じられた。初弾命中から9分間のうちに艦の傾斜は70度に達し、2発目命中によって始まった左舷後部副砲塔の火災が「ツェーザル」主砲塔火薬庫に移った。ここで大爆発が発生し、巨大な主砲塔が噴き上げられて10mも先に落下した。その2分後、ティルピッツは転覆した。残酷な運命のいたずらなのだろうか、ティルピッツのちょうど真下の海底にはこの艦の艦橋と煙突がそのまま横倒しに転がり込むだけの大きさの窪みがあり、沈没の時には浅い海底に水平に沈座するだろうという予想は外れて、転覆してしまったのである。800名以上の乗組員は無事に艦外に脱出したが、約1,000名が艦内に閉じ込められた。救難隊が転覆した底部の船殻を切り裂いて82名を救出したが、最終的に戦死者は971名に達した。

ティルピッツの残骸は泊地に残されていたが、終戦のしばらく後から始まり1950年代まで続いたスクラップ化作業によってだんだんに解体された。現在でも、台座に取りつけられたこの艦の装甲板の破片は、スーヴェニアとしてノルウェーのある企業によって販売されている。

■ティルピッツの要目

排水量	53,500トン（満載状態）
全長	253m
全幅	36m
推進機関	ブラウン＝ボヴェリ式タービン×3基、合計出力150,170馬力。
最大速度	30ノット（55.6km/h）
航続力	9,280浬（17,190km）、最適経済速度16ノット（29.6km/h）による。
燃料搭載量	8,000メートルトン
武装	主砲：38cm砲8門（連装砲塔4基）、800kgの砲弾を発射し、最大射程36.5km、1門当たり発射率毎分2発。
	副砲：15cm砲12門（連装砲塔6基）、45.3kgの砲弾を発射し、最大射程23km、1門当たり発射率毎分8発。
	高角砲：10.5cm砲16門（連装砲塔8基）、15kgの砲弾を発射し、最大射程17.7km、1門当たり発射率毎分18発。
	大口径高角機関砲：3.7cm砲16門（連装砲架8基）、0.75kgの砲弾を発射し、最大射程8.5km、1門当たり発射率毎分40発。
	中口径高角機関砲：2cm砲78門（単装と四連装砲架）、発射率は単装砲架が毎分120発、四連装砲架が毎分220発、最大射程4.9km。
	魚雷発射管：53.3cm発射管三連装2基

艦載機：アラドAr196複座水上偵察機4機
乗組員：2,608名

艦長
1941年2月～1943年2月　カール・トップ大佐
1943年2月～1944年5月　ハンス・マイアー大佐
1944年5月～1944年11月　ヴォルフ・ユンゲ大佐
1944年11月　ロベルト・ヴェーバー大佐

ビスマルク級の塗装パターン
Colour Schemes

　ビスマルクとティルピッツはいずれも、竣工当時は艦全体にわたって、大戦初期の標準である薄いグレーの塗装だった。訓練と試験運転の間に両艦とも、舷側と上部構造物全体にわたって、「バルト海」パターンと呼ばれる迷彩模様、黒／白の幅広の角張ったストライプ数本が、それに加えられた。そして、艦首と艦尾のあたりの舷側は、全長を実際より短く見せるために濃いめのグレーに塗装され、その効果を高めるために、その部分の後ろと前には艦首波と艦尾波が白く描かれた。この時期、主砲と主な副砲の砲塔の上部は赤く塗装されていた。

　運命的な「ラインユーブング」作戦に出撃する前、ビスマルクはカムフラージュ模様を塗り消されていた。ティルピッツはいくつかのパターンのカムフラージュ塗装を続けた。1942年の夏から1944年の春までは、基本的な薄いグレーの塗装の上に何本もの濃いグレーのスプリンター模様が塗り加えられていた。それ以降は、舷側、「アントーン」と「ドーラ」砲塔、上部構造物の低い部分が濃いグレー塗装になり、それ以外の部分は薄いグレー塗装だった。

FIRE CONTROL/RANGEFINDING

射撃管制と測距儀

　シャルンホルスト級とビスマルク級の戦艦4隻の主砲砲塔には、ビスマルクの「アントーン」砲塔を例外として、いずれも10.5m測距儀が装備されていた。測距儀の左右の開口が配置されている外部構造の両端は、砲塔の後部の側面に突き出ている。ビスマルク級の左右両舷各3基の副砲連装砲塔の内、中央の1基には副砲群のための7m測距儀が装備されていた。

　両クラスいずれも、艦橋楼の前、前部射撃指揮所の上に7m測距儀を装備した回転ドームが配置されている。これは主砲と副砲の射撃指揮に使用された。

　艦橋楼のトップには10.5m測距儀を装備した回転可能な外装構造物が設置され、「ツェーザル」砲塔の背後の位置には後部射撃指揮所があり、10.5m測距儀を装備した同様な外装構造が配置されていた。

　シャルンホルスト級とビスマルク級いずれも、艦橋部の左右に球型の構造物がある。これらには10.5cm高角砲の射撃指揮のための4m測距儀が装備されていた。ビスマルク級

では主檣のすぐ後方と、後部10.5m測距儀と「ツェーザル」砲塔との間の2カ所、いずれも中心線上に4m測距儀が装備されている。シャルンホルスト級では高角砲用の測距儀を装備した球型台架は、煙突のやや後方の左右側面に装備され、ジャイロスコープ安定装置つきである。高角砲連装砲塔はそれ自体、ジャイロ安定装置つきであり、各砲塔には測距儀が装備されており、対空戦闘の場合とは異なって、これによって対艦戦闘を行う機構になっていた。

　3.7cmと2cm高角機関砲は砲自体に測距儀が装備されていたが、それ以外に小型の測距儀がいくつか装備されていた（たとえば、シャルンホルスト級の艦では艦橋楼の前に小さいプラットフォームが突き出ており、そこにカバーなしの小型の測距儀架台が配置されていた）。

RADAR
レーダー

　1920年代の末から1930年代の初めの時期、ドイツはレーダー研究で世界の先頭に立ち、ドイツ海軍（ナチ体制以前の名称）はこの新技術開発を熱心に支援した。1934年にはこの初期的なシステムの開発を一層進めるために電気音響学機械装置協会（Gesellschaft für Elektroakustische und Mechanische Apparate）が設立され、1935年には全面的に実用化された波長48cm（630MHz）のレーダー装置の作動展示が海軍最高司令官の前で行われた。それから間もなく、この装置は実戦部隊の1隻の艦に装備され、波長82cm（370MHz）に変更された後、海軍の標準的な装備として採用された。しかし、大戦がはじまった後、三軍の間の対抗意識の影響があり、このシステムが一応使える段階まで達したという一般的な見方が拡がったために開発は足踏み状態に陥り、その間にドイツの技術レベルは連合国に追い越されてしまった。

　シャルンホルストとグナイゼナウはいずれも1939年にFuMO 22（FuMOはFunkmessortungsgerät＝電波位置測定装置の略）レーダーが配備され、艦橋楼頂部の測距儀の外装構造の上に設置された。このシステムには6m×2mの大きな「マットレス」型のアンテナがついていた。グナイゼナウは1941年1月に4m×2mのやや小さめのアンテナがついた新型のFuMO 27レーダーに換装し、シャルンホルストも1942年のうちに同じ型への換装が行われた。両艦とも1941年の末か1942年の初めのある時期に、艦後部の測距儀外装構造の上にFuMO 27装置が装備された。同時にFuMB 4サモス（Funkmessbeobachtungsgerät＝電波探知装置）レーダーのアンテナも艦橋楼上のFuMO 27のすぐ下に装備された。

　ビスマルクとティルピッツは竣工後の早い時期に、艦橋楼頂部と後部射撃指揮所の上部の主砲用測距儀の上にFuMO 23が装備された。このレーダーのアンテナのサイズは4m×2mだった。

　その後、ティルピッツの前部のレーダー・アンテナはFuMO 27用のものに換装され、FuMO 27レーダー装置は既存のFuMO 23の外装構造の上に装備された。そして最終的にレーダーはFuMO 26に換装され、6.6m×3.2mの巨大なこの型のアンテナが艦橋楼のトップに装備された。1944年にはFuMO 30ホーヘントゥヴァイル・レーダー装置がメインマストに装備され、両舷後部の10.5cm高角砲砲塔のうち、艦首寄りの位置にある砲塔

の測距儀の上に、FuMO 213 ヴュルツブルク・レーダーのアンテナが装備された。
＊　　　　　　　　　　　　　　＊

　シャルンホルスト級とビスマルク級各2隻の戦艦はいずれも魅力的な容姿の艦だったが、進水の前にすでに時代遅れになっていた。ドイツ海軍の主力艦は数が少なく、量的に敵に大きく凌駕されており、敵の戦艦との戦闘に投入することは意図されていなかった。意図された用途は商船と輸送船団に大打撃をあたえる水上破壊戦行動だった。両クラスとも高速度と強力な武装を持ち、この任務には十分に適していた。そしてビスマルクの例のように、敵の主力艦と遭遇した場合にも同等の兵力であれば十分に優位に立つことができた。しかし、最も強力な戦艦でさえも、航空攻撃に対してはきわめて脆弱だった。ビスマルクのエピソードがその事実を明白に示している。この艦は数本の魚雷が方々に命中してもほとんど打撃を受けなかったが、舵機に命中した1本によって旋回の連続に陥り、敵の艦隊の追跡の手から逃れる可能性を断たれたのである。

　英国海軍も敵の航空攻撃によって重大な損害を被った。日本海軍機との1回の交戦によってレナウンとプリンス・オブ・ウェールズを喪失したのである。その日本海軍もその後、同様の苦杯を喫することになった。世界最大、そして最強の戦艦大和を米国海軍機の攻撃によって撃沈されたのである。

　第二次世界大戦の終結までには、戦艦は時代錯誤の代表的な存在となり、それから数年のうちにわずかな数の例外を除いて解体処分されてしまった。

カラー・イラスト解説 color plate commentary

A：シュレスヴィヒ＝ホルシュタイン級
　イラストは旧式の前ドレッドノート級戦艦2隻がテーマであり、3つの異なった時期の外観と塗装が示されている。

　1. 改装前のシュレージエンの、吃水線下の部分も含めた全体を描いた側面図である。塗装は大戦前の大半の大型艦と同じく、舷側から上の全体はきわめて薄いグレー、黒の吃水線、それより下は赤の典型的なパターンである。その後の改装の際に撤去された片舷5基の舷側単装砲郭の15cm副砲と、同様に後に改装された3本煙突はまだ以前のままの状態である。右上のイラストは艦首に取りつけられていた紋章であり、白い盾型の枠の中に黒いシレジアの鷲が飾られている。

　2. これは最初の大改装後のシュレスヴィヒ＝ホルシュタインである。以前の3本煙突の第1煙突は取り外され、その排煙はダクトを通って第2煙突（太く改造されている）に合流するように改造され、2本煙突型になっている。舷側と上部構造の砲郭の15cm単装副砲はまだ残っている。艦首と艦尾の両舷3基ずつの小砲郭は、砲が外されて封止された。右上のイラストは艦名とされた州の盾型紋章である。艦首につけられていたこの紋章と、艦尾の小砲郭の後方につけられていた鉤十字の左半分は開戦の後に取り外された。

　3. この吃水線から上の側面図は大改装後のシュレージエンの姿である。最前部の煙突は撤去され、上部構造物は大幅に改造された。艦首と艦尾各々、片舷2基ずつあった小砲郭は全面的に撤去されて平らに整形され、片舷5基の副砲砲郭は砲が外されて封止された。艦の紋章の類は大戦勃発の時にすべての艦から取り外された。対空武装は格段に強化されている。

B：戦闘中のシャルンホルスト
　このイラストはシャルンホルストが洋上で英国海軍の特設巡洋艦ラワルピンディと交戦している場面である。

この時のシャルンホルストの艦首は改装後の「クリッパー型」になっているが、大荒れのこの水域で艦首と前甲板に激しい波浪を浴びている。シャルンホルストと姉妹艦グナイゼナウは「ウェット」な艦だと定評があり、いくらかでも波が荒い日には前甲板に海水が拡がり、このために機械装置や電気系統に重大な故障が発生することが多かった。シャルンホルストの前部主砲塔2基は右舷に向けられ、この不利な条件の下で健気に戦おうとする武装商船に対して斉射を浴びせようとしている。この艦の主砲塔と副砲塔の上面が黄色塗装であることに注目されたい。大型艦のこの部分は標準的な識別手段として赤、青、黄色などに塗装されていた。

C：シャルンホルスト級――改装後

イラストは2隻の巡洋戦艦の改装後の状態を示している。竣工時はストレートな艦首だったが、そのすぐ後の改装によって反りのある「アトランティック型」に変えられた。この時の改装で煙突にキャップが加えられた。両艦はほぼ同型だったが、この時にシャルンホルストではメインマストが中部カタパルトの後方に移設され、メインマストが竣工時のまま煙突のすぐ後方の位置に置かれていたグナイゼナウとの目立った相違点となった。

1. 大戦前のシャルンホルストの側面図。この時期には艦全体が薄いグレーに塗装され、グナイゼナウも同様だった。
2. その平面図。上甲板はチーク材張りである。上部構造物の甲板は鋼板であり、塗装には、大部分の艦艇と同様、この図に見られる濃いグレーの滑りにくい塗料が用いられた。

グナイゼナウの艦首の盾形紋章は上下左右に四分されていて、薄いグリーンと金色の部分が交互に並び、グリーンの部分には黒いプロイセンの鷲、金色の部分には緑の花輪飾りのついた剣が取りつけられていた。シャルンホルストの艦首盾形飾りは白いバーが濃いブルーの地を斜めに横切っている図柄だった。写真によってはブルーのバーが白い地を横切っているように見えるものもあるが、シャルンホルストの紋章としては白いバーとブルーの地が歴史的に見て正確な配色である。

このクラスの2隻はもともときわめて優美なスタイルだったが、「クリッパー」型、または「アトランティック」型の艦首と、斜めに切れ下がった煙突キャップが初期の改装によって加えられ、艦型の優美さが一段と増した。その後の改装によって「ツェーザル」砲塔の上からかさばったカタパルトが取り外された時にも、その効果がはっきり現れた。

挿入図（i）はこのクラスの竣工時の艦尾部を示している。左舷の艦尾錨が錨の形に作られている錨鎖孔にぴったりと収まっている点に注目されたい。大戦前のドイツの大半の大型艦の艦尾には、大きなブロンズの鷲と鉤十字が取りつけられていた。これらの飾りは大戦勃発の直後に取り外された。鉤十字のすぐ下に小さい手すりがついている。

挿入図（ii）は竣工時から「ツェーザル」砲塔の上に装備されていた後部カタパルトを示している。このカタパルトに載せられた水上偵察機が激しい風波を始め、さまざまな自然条件に曝されることも含めて、このカタパルトの運用は容易ではなく、1940年3月に撤去された。

挿入図（iii）は「アトランティック」型に改造されたシャルンホルスト級の艦首左舷である。舷側の錨鎖口に錨と鎖がぶら下がっていた改装前の状態とは異なって、舷側上縁に設けられた錨留め切り欠きに錨が収まっている。最初、2基だった左舷の錨は、改装後は1基になった。

D：ビスマルク級の解剖図

力強いビスマルクはドイツ海軍の誇りであり、正真正銘の巨大艦だった。最大排水量50,900トンのこの艦は強力な戦闘マシーンであると同時に、事実上、海に浮かぶ都市でもあった。士官103名と下士官兵1,962名の乗組員が居住し、捕獲した敵の船舶から移乗させた人質27名を収容するためのスペースがあり、搭載した4機のアラド水上偵察機の乗員と整備員も空軍から派遣されて乗り組んでいた。

ティルピッツの上甲板の右舷前部に集まった乗組員たち。画面の下の方、右寄りにはアラド水上偵察機の乗員である空軍軍人も混じっている。彼らの頭上には右舷に向けられた「ブルーノ」砲塔の2門の巨大な38cm主砲が延びている。

4隻の戦艦の艦名に名を残したドイツの歴史上の英雄たち4人。
左上：オットー・フォン＝ビスマルク。
右上：アルフレート・ティルピッツ。
左下：シャルンホルスト。
右下：グナイゼナウ。

　ビスマルクの動力は3基のタービンエンジンであり、12基の巨大なボイラー――4基ずつを収めた3つのボイラー室に分けられていた――から送られてくる高圧蒸気によって駆動されていた。中央のスクリューシャフトを駆動するタービンは後部に配置され、左側と右側のシャフトを駆動するタービンは艦の中部の左舷寄りと右舷寄りに配置されていた。この外に巨大なディーゼル発電機数基が装備されており、この巨艦の電力供給に当てられていた。

　ビスマルクの重量の大きな部分は艦の装甲板の重量が占めていた。上甲板には厚さ50mmの装甲板が張られていた。それより一段下の甲板は主装甲甲板であり、80～110mmのさまざまな厚さの装甲板が装着されていた。上甲板を貫通した砲弾や爆弾の爆発を主装甲甲板によって受け止めるように計画されていたのである。エンジン室、ボイラー室、弾薬庫など、艦内の重要な区画は320mmほどの厚みの装甲ベルトで保護され、このベルトより上の舷側の装甲は120～145mm程度に減じられていた。

　ビスマルクは水線下にも優れた魚雷防御が施されていた。この艦にとっての唯一の弱点、アキレスの踵ともいうべき操舵機構に命中した1本を除いて、この艦は魚雷によって致命的な損傷を受けなかった。実際に、ビスマルクの最後の時、上部構造物は激しい被弾によってまったく見分けがつかないほどに破壊されていたが、乗組員が自沈のために船底弁を開くまでは、沈没の危険に迫られてはいなかった。

　主砲塔もビスマルクの重量全体の目立った部分を占めていた。砲塔は150mm～360mmの厚みの装甲で防御されていた。8門の38cm主砲の砲身の重量の合計は1,000トン以上だった。

　ビスマルクの乗組員の待遇の水準は高かった。艦には

医師、歯科医師、コック、パン焼き職人、靴職人、洗濯職人、仕立職人、軍楽隊員などの専門職が配備され、各々十分な作業条件と最新の設備の下で働いていた。

乗組員は12の「区隊」に分けられ、各区隊は最大220名が配置されていた。第1～4区隊は主砲と副砲の要員、第5～6区隊は高角砲の要員、第7区隊は調理、パン焼き、木工作業などの専門職、第8区隊は兵器技術要員、第9区隊は通信、無線、レーダーなどの技術要員、第10～12区隊は機関関係要員という区分だった。

平時の乗組員の生活は0600時の起床で始まった。0630時に朝食、その後に清掃と甲板洗いが45分行われた。各々の日課作業は0800時に開始された。その内容は通常、訓練演習、座学、整備作業だった。昼食と食後休憩の後、日課作業が再開され、1700時の夕食まで続く。夕食の後は再び清掃と甲板掃除が行われ、それから課業終了が下令されて、2200時に就寝した。

E：改装後のグナイゼナウ

「ベルリン」作戦当時のグナイゼナウの側面図（1）と平面図（2）である。全体にわたってまだ初期の薄いグレーのままの塗装であり、主砲塔と連装副砲塔の上面は黄色に塗られている。シャルンホルスト級の2隻の姉妹艦の相違点は、シャルンホルストが初期の改装の際にメインマストを艦載機格納庫の後方の位置に移した点と、格納庫自体のデザインを変えた点である。グナイゼナウのメインマストは竣工当時のまま、煙突のすぐ後方の位置から変わらなかった。

挿入図（i）はグナイゼナウのユニークな艦載機格納庫。1941～42年の冬、ブレスト軍港に留まっている間に設置された。格納庫の上のレールに艦載機1機が載せられ、他の2機は主翼を折り畳んで格納庫内に収納される仕組みだった。

挿入図（ii）は格納庫の後部のドアパネルが後方にスライドし、中央と前部のパネルが前の方にスライドする機構を示している。パネルが開いた後、庫内のカタパルトが回転し、その上に載せられている艦載機の主翼が拡げられる。

挿入図（iii）は煙突と煙突頂部に近いプラットフォームの詳細を示している。プラットフォームの両側には大型の探照灯、そのすぐ後方には単装20mm高角機関砲が1基ずつ装備されている。特徴のあるメインマストは、斜め前、左右に拡がる2本の支柱と共に、煙突の後部に取りつけられている。マストのすぐ後方には四連装20mm高角機関砲1基が装備されている。

F：戦闘行動中のビスマルク

このイラストにはフッドと交戦中のビスマルクが描かれている。英国の巡洋戦艦に向かって、38cm主砲を斉射した場面である。1941年5月24日0545時、敵の戦隊、フッドとプリンス・オブ・ウェールズを発見し、ビスマルクは主砲塔を左舷に旋回させ、急速に接近してくる敵艦に砲口を向けた。英国の戦隊は前方からビスマルクに接近してきた。これは敵の砲撃に狙われる艦影をできるだけ小さくするための戦術だが、同時に敵に向けることができる火力は前部砲塔に限られることになった。0555時、ビスマルクは主砲の砲撃を開始し、ほぼ同時に目標までの距離を把握した。ビスマルクは800kgもの巨弾を発射し、射撃開始のちょうど2分後にこの恐るべき砲弾のうちの1発がフッドに命中した。この時、フッドは前後部の主砲塔全部を敵に向けるために左に舵を切っていた。この命中弾によって発生した火災はフッドの弾薬庫に拡がり、ビスマルクの射撃開始の4分後にフッドは大爆発を起こし、船体は前後に折れて急速に沈没した。

しかし、この交戦でビスマルクも無傷ではなかった。プリンス・オブ・ウェールズの射弾3発が命中し、そのうちの1発は艦の前部に大きな破口を開き、そこから大量の海水が艦内に流入したため艦首が下がった姿勢になった。この損傷はこの艦の戦闘能力に影響することはなかったが、これによって戦隊司令官リュトイェンス提督は計画されていた作戦の続行をあきらめ、修理のためにフランスのサン・ナゼールに向かうことを決定した。

G：ティルピッツ

ティルピッツの側面図（1）と平面図（2）である。側面図は中程度と濃いめの2つのトーンのグレーによる、直線輪郭の「スプリンター」（破片）パターンのカムフラージュが全体に拡がり、大戦前の薄いグレーの塗装は艦首と艦尾に残っているだけである。ティルピッツは大戦中にいくつかのパターンのカムフラージュ塗装が施されたといわれており、これはそのうちのひとつである。このような彩色イラストで見ると、この塗装はいささか派手に見えるが、実際には遠くから艦を見た場合、艦の輪郭

をはっきりさせない効果があった。ティルピッツの艦首紋章はオレンジ色と黒の四分された盾形であり、上半分と下半分には反対の方向を向いた銀色のバイキング船の船首が飾られていた。

ビスマルクとティルピッツはほぼ全部の点で同じだった。挿入図（i）に描かれているように、ティルピッツの両舷の上甲板、カタパルトのすぐ後方に四連装魚雷発射管が装備されており、この装備がないビスマルク（29頁右上の図を参照）との主な相違点となっている。この図に描かれている煙突中程のプラットフォームの探照灯2基と、その前方に装備された20mm高角機関砲四連装砲架に注目されたい。煙突前部の側面の大きな丸い曲線の構造物はカバーをかけられた状態の探照灯である。

2隻の間の主な相違点の中には、ティルピッツのレーダー装備が大きくなったこともある。挿入図（ii）はこの艦の艦橋楼の頂上に設置されたFuMOレーダーシステムの「マットレス」アンテナを示している。

ティルピッツでは挿入図（iii）に描かれているように、「ブルーノ」砲塔の上に20mm高角機関砲四連装砲架が装備され、上部構造物の最前部にも同じ砲架が配置されていた。この2つの対空砲架の間には小さい連結プラットフォームが設けられていた。

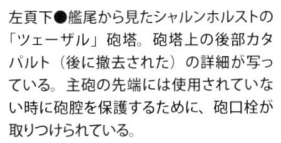

左頁下●艦尾から見たシャルンホルストの「ツェザール」砲塔。砲塔上の後部カタパルト（後に撤去された）の詳細が写っている。主砲の先端には使用されていない時に砲腔を保護するために、砲口栓が取りつけられている。

上●真横から見たビスマルク。幅広の黒／白の角張ったストライプの「バルト海型」カムフラージュ塗装が施されている。舷側の艦首の部分の濃いグレー塗装と、その後方に描かれた偽の白い艦首波に注目されたい。これらの迷彩塗装は「ラインユーブング」作戦に出撃する前に塗り消された。

右●ビスマルクの巨大な艦尾の強烈な印象を捉えた写真。「ドーラ」砲塔の上に乗組員数人が立っているので、砲塔と主砲の大きさがはっきりとわかる。右舷の大型のデリックは艦載艇とアラド水上機の揚収作業に使用される。

◎訳者紹介｜手島 尚（てしま たかし）

1934年沖縄県南大東島生まれ。1957年、慶應義塾大学経済学部卒業後、日本航空に入社。1994年に退職。1960年代から航空関係の記事を執筆し、翻訳も手がける。訳書に『ドイツ空軍戦記』『最後のドイツ空軍』『西部戦線の独空軍』（以上朝日ソノラマ刊）、『ボーイング747を創った男たち』（講談社刊）、『クリムゾンスカイ』（光人社刊）、『ユンカース Ju87 シュトゥーカ 1937-1941 急降下爆撃航空団の戦歴』『第2戦闘航空団リヒトホーフェン』（小社刊）などがある。

オスプレイ・ミリタリー・シリーズ
世界の軍艦イラストレイテッド　1

ドイツ海軍の戦艦
1939-1945

発行日	2005年11月11日　初版第1刷
著者	ゴードン・ウィリアムソン
訳者	手島 尚
発行者	小川光二
発行所	株式会社大日本絵画 〒101-0054　東京都千代田区神田錦町1丁目7番地 電話：03-3294-7861 http：//www.kaiga.co.jp
編集	株式会社アートボックス http：//www.modelkasten.com/
装幀・デザイン	八木八重子
印刷/製本	大日本印刷株式会社

©2003 Osprey Publishing Limited
Printed in Japan
ISBN4-499-22898-0 C0076

German Battleships 1939-45
Gordon Williamson

First Published In Great Britain in 2003,
by Osprey Publishing Ltd, Elms Court,
Chapel Way, Botley Oxford, Ox2 9Lp.
All Rights Reserved.
Japanese language translation
©2005 Dainippon Kaiga Co., Ltd